西安市公共卫生中心平急两用实施图解

XI 'AN PUBLIC HEALTH CENTER FOR BOTH PEACE TIME AND EMERGENCY TIME USE IMPLEMENTATION DIAGRAM

雷霖　主编

中国建筑工业出版社

主　编：雷　霖

现任中国建筑西北设计研究院有限公司副总建筑师，医疗建筑设计研究中心主任，第二建筑设计研究院副院长、总建筑师；教授级高级工程师、国家一级注册建筑师；中国医疗建筑设计年度杰出人物，全国医疗建筑十佳设计师，中国医疗建筑设计师联盟理事，中国中西部地区杰出建筑师，陕西省勘察设计专家，陕西省土木建筑优秀总工程师，雷霖医疗建筑设计创新工作室主任（省级），西安建筑科技大学硕士生导师；主持医疗建筑设计作品 160 余项，总面积达 1500 多万平方米，荣获省、部级奖项 20 余项；完成、在研省部级课题 4 项，出版 4 部专著，发表 10 余篇论文，取得国家发明及实用新型专利 10 余项，外观专利及作品登记证书多项；主编参编规范、标准、指南、图集 10 余种；作全国性学术会议报告数十场；在全国、行业、地方组织和社团担任专家、顾问、理事、委员、常务委员、副主任委员等职务。

编委会

副 主 编：郁立强　杨　毅

参编人员：陈　素　王法隆　何亚男　黄　乐　赵　博
刘静珊　冯　青　段成刚　李　琼　蒋　忠
赵丽娟　雷　健　曹　强　王艳俊　郭高亮
钱　薇　胡哲辉　杨　阳　邢俊哲　丁　洁
雷中汇　张春生　王　伟　段则明　张名良
李亚伟　李　蕾　赵　玺　邓茜泽　赵世轶
杨　磊　张耀元　张　辉　张龙旭　王绎凯
姜志琳　张向辉　刘思帆　吴京涛　张世涛
李晓栋　李艳芝　张　于　黄敏涛　王　蓉

前言

随着我国经济发展不断加快，城市数量逐渐增多，快速的城市化，急速扩张的城市规模也带来了一系列不可忽视的问题，如能源枯竭、环境恶化、交通拥堵、城市公共安全问题、住房问题、城市转型等。21 世纪以来，我国提出要坚持以人为本、全面协调可持续发展的科学发展观，坚持走可持续发展道路。随着我国国民经济的发展和人们生活水平的提高，人们对于医疗资源有了更高的需求，与此同时，普通的传染病专科医院存在着自我运营能力不足、财政拨款依赖过大的问题。探索综合医院与传染病医院如何有效衔接和快速转换，值得我们更多的思考。

近期，在全国卫生健康工作会议上，国家卫生健康委员会提出了“完善平急结合、快速反应的医疗应急体系”的目标。国务院办公厅出台了《关于积极稳步推进超大特大城市“平急两用”公共基础设施建设的指导意见》《加强“平急两用”公共基础设施建设质量安全监督管理》等多项指导性文件。《“平急两用”公共基础设施建设专项规划编制技术指南（试行）》也已下发。这是一项具有重要意义的举措，既能够促进大城市转变发展方式，提升城市品质和功能，又能够增强大城市应对重大公共突发事件的能力和水平，更好地统筹发展和安全。

“平急两用”公共基础设施指为应对新发重大疫情和突发公共事件，体系化设立的满足应急隔离、临时安置、物资保障、医疗救治等需求的公共基础设施。“平急两用”公共基础设施分四部分（旅游居住设施、医疗应急服务点、城郊大型仓储基地、市政旅游配套基础设施），其中“平急两用”医疗应急服务点又分监测哨点医院、发热门诊、定点医疗机构三部分。

在此背景下，超大特大城市定点医疗机构的“平急两用”模式应运而生，已然成为完善当前医院医疗体系的关键组成部分。《西安市公共卫生中心平急两用实施图解》的编写就是通过具体案例逐一解析，满足超大特大城市定点医疗机构的平急快速转换，也是完善卫生医疗体系的重要技术途径之一，意义重大。本案例图解将填补医疗建筑设计研究领域具体项目“平急两用”实施的空白。

“平急两用”建筑设计的核心在于将医院建筑设计和运维划分为“平时”和“急时”两个状态。“平时”满足日常诊疗需求，“急时”可转化为应急治疗场所。建筑设计需要充分考虑这两种状态下的诊疗需求，确保项目设计具备高度适应性，使医疗资源能够得到合理的配置和高效的利用。

2020 年新冠肺炎疫情初期，西安市公共卫生中心项目在西安市委市政府的决策下进行加快建设，项目定位要求在设计时考虑当地群众日常诊疗需求及医院经营与遇到突发重大公共卫生安全事件时的应急处理能力。根据功能需求及分期建设，西安市公共卫生中心项目最终形成了总建筑面积 35 万平方米、总计 1500 张床位的传染病院区及综合院区、西安市疾病预防控制中心（省级）两部分。“平时”传染病院区 500 张床位和综合院区 1000 张床位各自独立使用，而在遇到突发重大公共卫生安全事件时，综合院区的护理单元可随时转换为传染病护理单元，并可根据事件情况在疫情防控期间实现按响应级别分栋转换。该项目建成后将成为西安市及陕西省重要的定点医疗机构。

本图解通过通俗易懂的图示化语言将西安市公共卫生中心项目在平时和急时如何快速转换进行分析，通过详细的图文解释，明确并落实到可实施当中，全面深刻地从“七大部分、五大专业”如何“平急两用”进行论述。本图解可供西安市公共卫生中心项目管理及运营单位在平时全面清晰地了解，在急时可快速根据图解的详细分析指导相关人员落实实施平急转换。

本图解与《现代医院护理单元平急两用建筑空间设计》形成姊妹篇，这两部著作可为医疗建筑设计和研究人员、医疗卫生从业者等相关人员提供参考。旨在为今后降低突发公共事件对城市管理、人民生活的潜在影响，整体提升城市高质量发展的安全韧性，尽绵薄之力。

本图解在编写过程中，得到了中国建筑西北设计研究院有限公司各级领导的大力支持，也感受到业内多位朋友的热忱鼓励。西安市卫健委、西安市第八医院、西安交通大学第一附属医院、西安市干道市政建设开发有限责任公司、中国建筑西北区域总部（中建丝路建设投资有限公司）、中国建筑第三工程局有限公司等相关单位的领导及专家在本图解的编写中给予了支持鼓励和悉心指导。尤其是中建西北院医疗健康设计团队的设计人员和西安建筑科技大学建筑学院的研究生程睿、姜柏楠、王纪龙、张志彪、刘星宇同学，参加了本图解繁重的编写工作，并付出了辛勤的劳动。在此，谨代表编委会感谢大家的付出与厚爱。尽管编写人员都对此书倾注了诸多心血和热情，书中难免还会存在一些失误与疏漏，恳请大家给予批评指正。

雷霖

2024 年 5 月

成书背景

本图解通过图示化的语言对《现代医院护理单元平急两用建筑空间设计》中西安市公共卫生中心项目的“平急两用”具体实施措施进行展示。本图解与该书内容互补，简述了2020年以来，在新冠肺炎疫情的严重发展促使各地区新建公共卫生中心项目的背景下，西安市公共卫生中心项目的建设情况；展示了西安市公共卫生中心项目“平急两用”建筑空间设计的具体实施策略和运维管理方法。

西安市公共卫生中心作为“平急两用”的区域性医疗应急基地，涵盖三大区域，即定点医疗机构（三甲医院）、疾病预防控制中心、预留远期建设用地。这三者之间互相联系，彼此支撑，共同构成全流程的公共卫生应急基地。

定点医疗机构包含500床传染病院区，1000床综合院区，指挥保障中心，它和疾病预防控制中心在功能上互补，定点医疗机构承担着重症患者的救治任务，而疾病预防控制中心则负责疾病的监测、流行病学调查和防控措施的制定与实施，两者协同合作，共同构建完整的公共卫生和医疗服务体系。定点医疗机构可以为疾病预防控制中心提供患者样本和临床数据，疾病预防控制中心则可以为医院提供疫情预警和防控指导。

预留远期建设用地也有着重要的作用，当突发重大公共卫生事件时，现有医疗设施无法满足收治大量患者的需求，预留远期建设用地可以快速建设方舱医院，使方舱医院与定点医疗机构邻近建设，方舱医院主要用于收治轻症和无症状感染者，这样可以腾出定点医疗机构的资源和空间，集中力量救治重症患者，优化医疗资源配置，提高整体救治效果。

西安市公共卫生中心采纳了第五代医院的先进设计理念，“以病人为中心”作为其核心价值导向。强调人流、物流及技术支持系统的高效配置，从建筑布局上着手，构建了大规模的科室体系，这不仅促进了不同学科间的深度融合与协作，而且为多学科协作（MDT）提供了坚实的基础，从而显著提升了病患的治疗效果。在建筑形态上，倡导让传统“站起来”的医院“躺下来”，采用了分布式和模块化的设计方案。这种设计有效地减少了病患及物流对电梯的依赖，缓解了交通拥堵，使得整个医疗流程更为顺畅。此外，更大的单层空间和更佳的通风条件，也大大降低了交叉感染的风险。同时，这种模块化的布局方式也为应对突发公共卫生事件提供了转换的灵活性和可能性，代表了现代医院设计的新趋势。

本图解以西安市公共卫生中心项目为蓝本，以图片形式具象化地展示了“平急两用”建筑空间设计领域的创新理念、策略与实践应用。本图解通过七个章节，以图示化的语言，将“平急两用”医疗应急服务设施的设计策略凝练为四个层级：区域（区域应急基地）、总体（定点医疗机构）、单体（模块化护理单元）和个体（“平急两用”病房），这四个层级共同构成了设计的理论框架和实践指南。通过对这些设计策略的全面剖析，本图解旨在为读者呈现一个多维度、系统化、具体化的“平急两用”医疗设施设计视角。

西安市公共卫生中心项目作为“平急两用”设计模式的典型示范。项目从区域性应急基地、定点医疗机构到模块化护理单元再到单体病房模式四个层级上均展现了“平急两用”设计策略的灵活性和多样性。项目为其他地区的公共卫生设施建设提供了可借鉴的经验，特别是在面对突发公共卫生事件时如何快速响应和有效处置方面具有重要的参考价值。

雷霖

2024年6月

CONTENTS
目录

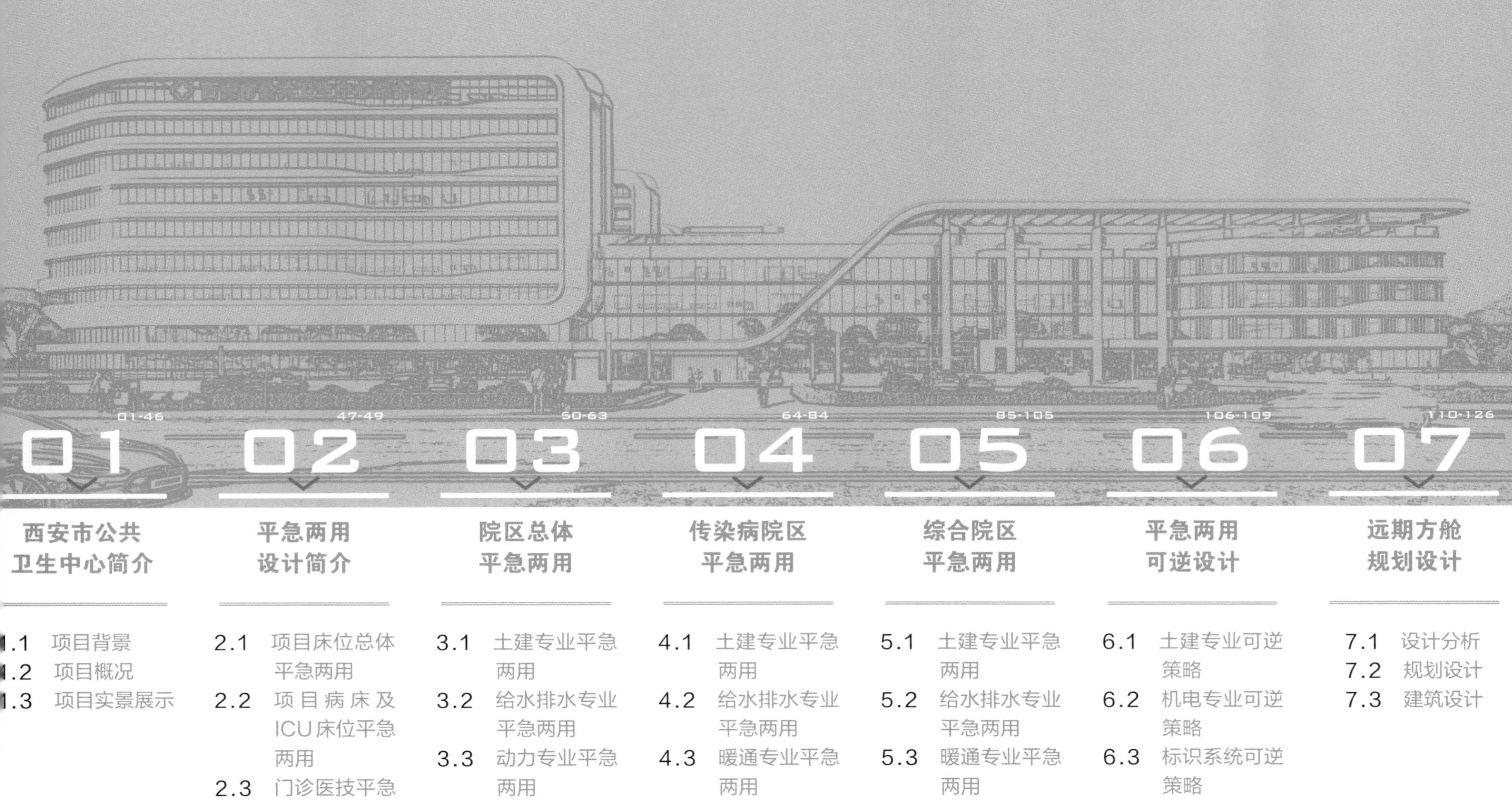

INTRODUCTION OF XI 'AN PUBLIC HEALTH CENTER

西安市公共卫生中心简介

- 1.1 项目背景
- 1.2 项目概况
- 1.3 项目实景展示

项目背景
Project background

项目说明

项目名称：西安市公共卫生中心（西安市第八医院新院区、西安市疾病预防控制中心）建设项目

项目时间：2020 年至今

建设地点：陕西省·西安市

用地面积：285 亩

项目规模：35 万 m^2，1500 床三级甲等传染病大专科综合医院、西安市疾控中心（省级）

服务内容：设计总承包

项目造价：约 35 亿元

选址位置：本工程项目位于陕西省西安市高陵区，南临泾、渭两河，东近京昆高速，南接西安绕城高速，西近延西、包茂高速。项目距离西安咸阳国际机场、高铁站和火车站的距离分别为 43km、18km、26km，周边交通便利，下高速收费站后只有 5 分钟车程，规划中的地铁出站口到达基地步行只需要 5 分钟。

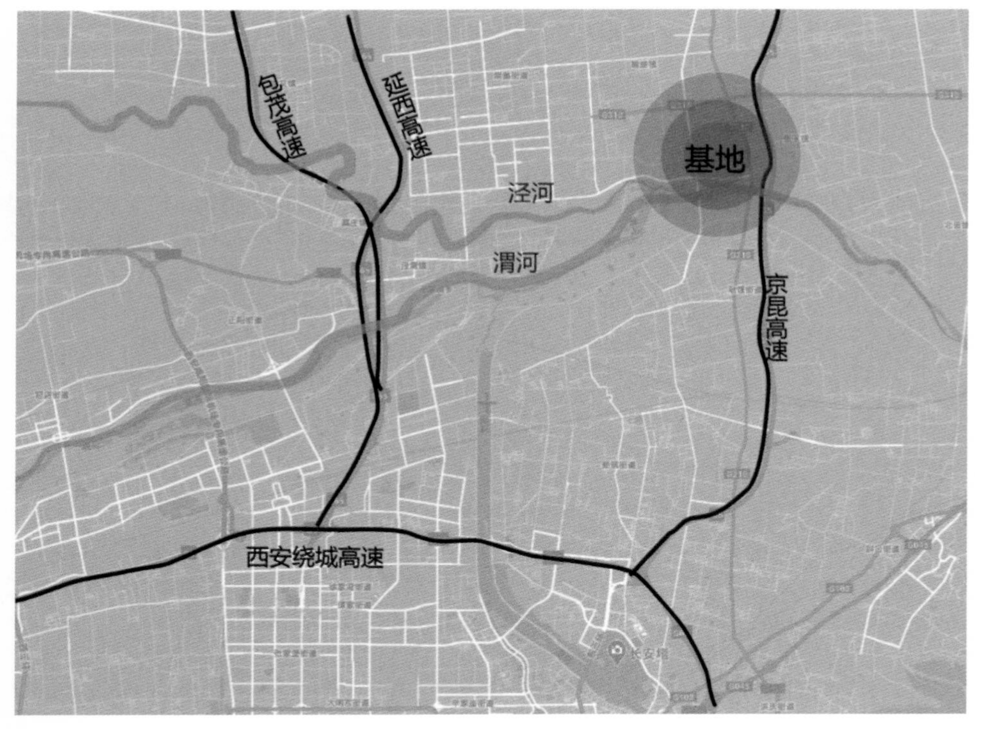

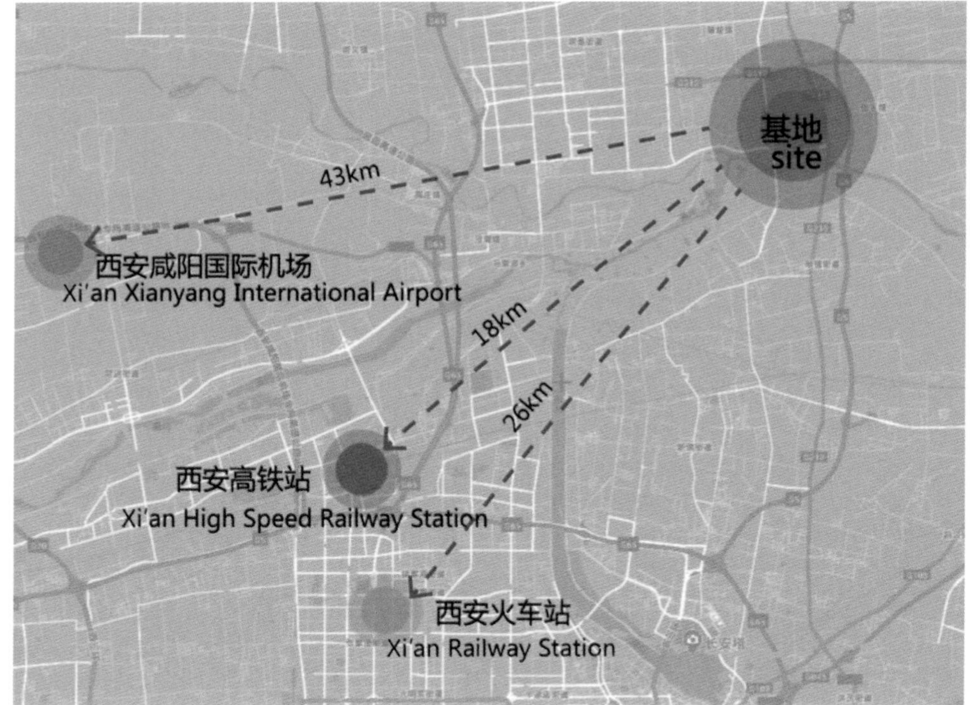

项目说明

项目概述：

本项目总体规划充分考虑远期发展：整体用地范围划分为三大区域五个部分：1500 床三甲医院（500 床传染病院区，1000 床综合院区，指挥保障中心）、西安市疾病预防控制中心、远期预留建设用地。根据功能需求分期建设，先期在地块北部中间位置建设临时应急医院（已建成），二期在西侧地块建设综合院区、传染病院区以及指挥保障中心，南侧地块建设市疾病预防控制中心，全部建成后拆除临时应急医院，东侧地块作为远期预留用地。

这样的规划思路，结合从总体布局、护理单元到病房三部曲，进行平急转换，最终形成总计 1500 床具有传染病大专科的综合医院，其中综合院区护理单元可随时转换为传染病护理单元，形成平急两用的设计思路。平时 500 床传染病院区和 1000 床综合院区各自独立使用，急时可转换为 1500 床传染病院区，形成西安市定点医疗机构用于防治突发公共卫生事件。能够有效地兼顾传染病防治的社会利益，同时解决当地居民的日常医疗需求，以及确保医院的持续经济运营。

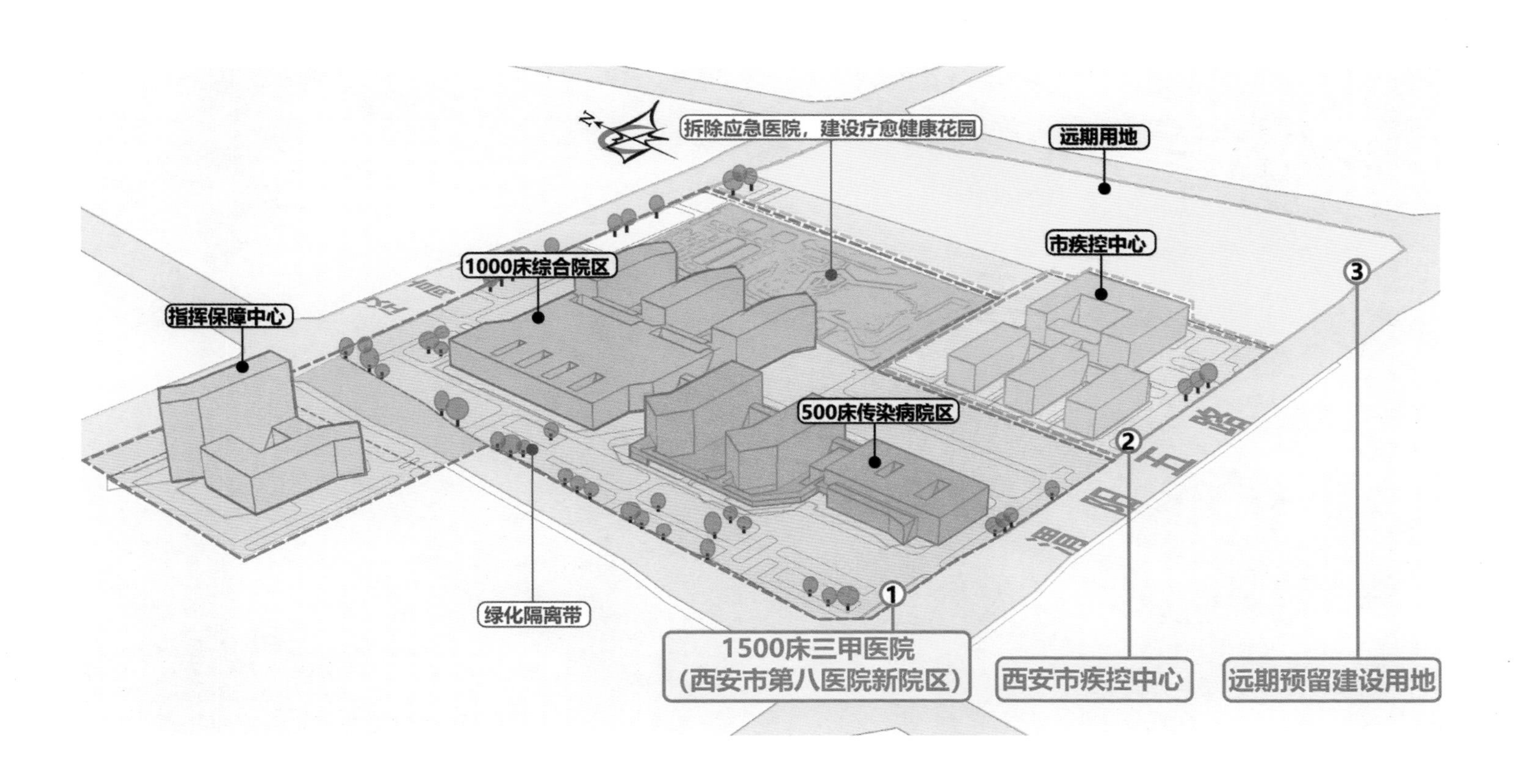

西安市公共卫生中心鸟瞰图

西安市公共卫生中心鸟瞰图

项目概况
Project overview

西安市公共卫生中心透视图

西安市公共卫生中心——综合院区沿街透视图

西安市公共卫生中心——综合院区入口透视图

西安市公共卫生中心——传染病院区入口透视图

西安市公共卫生中心——指挥保障中心入口透视图

西安市公共卫生中心——市疾控中心鸟瞰图

西安市公共卫生中心——市疾控中心入口透视图

西安市公共卫生中心总平面图

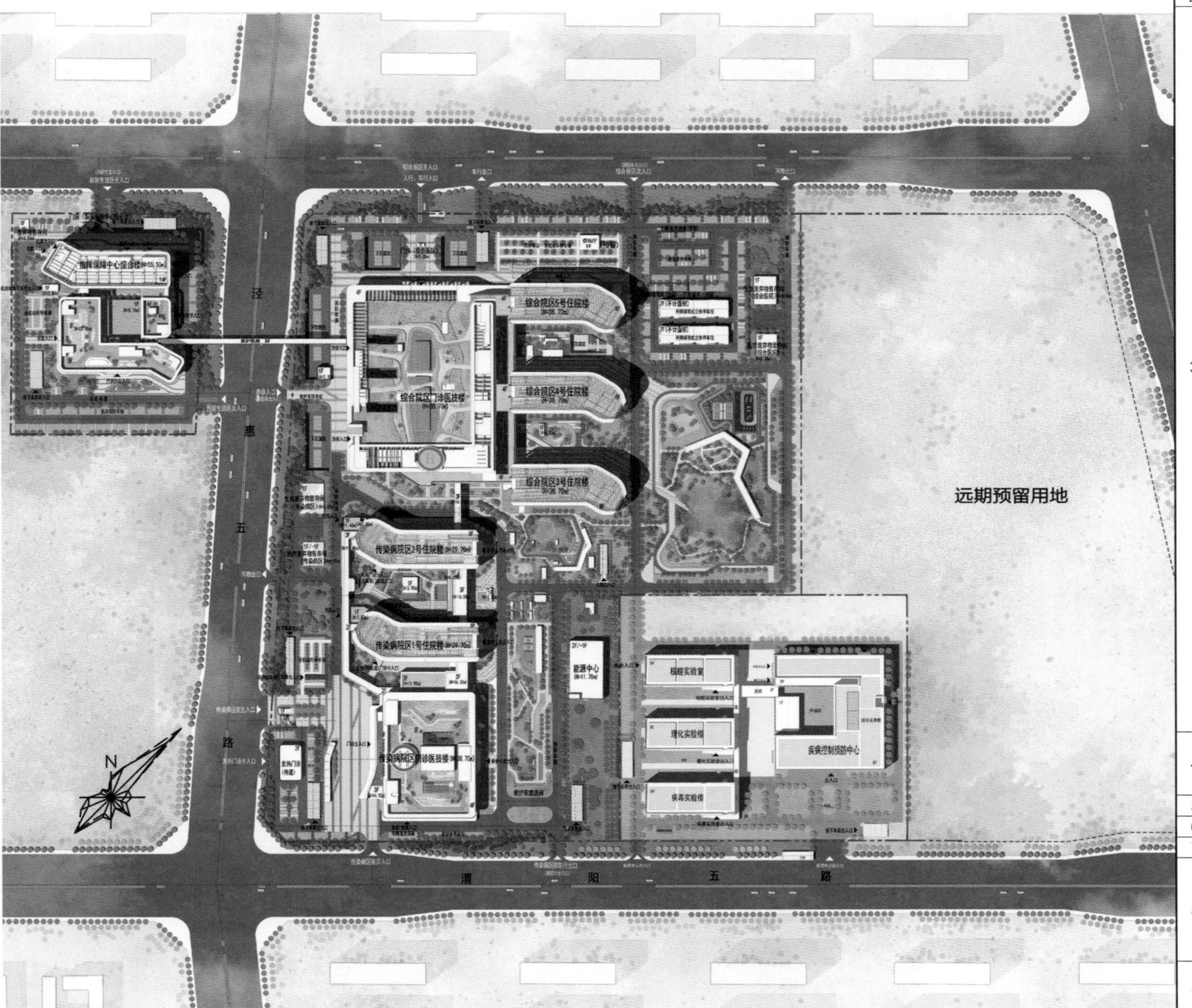

主要经济技术指标				
序号	项目	西安市第八医院新院区	单位	合计
1		总用地面积	亩	285.00
2		净用地面积	亩	229.86
3		总建筑面积	m^2	288164.00
	其中	地上建筑面积	m^2	182282.00
		地下建筑面积	m^2	105882.00
		传染病院区门诊医技楼及1号、2号住院楼	m^2	91875.00
	其中	地上建筑面积	m^2	48475.00
		地下建筑面积	m^2	43400.00
		综合院区门诊医技楼及3～5号住院楼	m^2	136258.00
	其中	地上建筑面积	m^2	93258.00
		地下建筑面积	m^2	43000.00
		指挥保障中心综合楼	m^2	52240.00
	其中	地上建筑面积	m^2	37400.00
		地下建筑面积	m^2	14800.00
		污水处理站	m^2	1867.00
	其中	地上建筑面积	m^2	210.00
		地下建筑面积	m^2	1657.00
		能源中心	m^2	2990.00
	其中	地上建筑面积	m^2	1730.00
		地下建筑面积	m^2	1260.00
		废弃物暂存间（传染病院区、综合院区、指挥保障中心综合楼）	m^2	1462.00
	其中	医疗废弃物暂存间（传染病院区）	m^2	596.00
		其中 地上建筑面积	m^2	231.00
		其中 地下建筑面积	m^2	365.00
		生活废弃物暂存间（传染病院区）	m^2	320.00
		医疗废弃物暂存间（综合院区）	m^2	190.00
		生活废弃物暂存间（综合院区）	m^2	320.00
		废弃物暂存间（指挥保障中心综合楼）	m^2	36.00
		门房（传染病院区、综合院区、指挥保障中心综合楼）	m^2	72.00
	其中	门房（传染病院区）	m^2	24.00
		门房（综合院区）	m^2	24.00
		门房（指挥保障中心综合楼）	m^2	24.00
		地下连廊	m^2	1400.00
		地上连廊	m^2	500.00
		发热门诊	m^2	1000.00
4		总床位数	个	1500
	其中	传染病医院	个	500
		综合院区	个	1000
5		容积率		1.19
6		建筑密度		24.00%
7		绿地率		38.00%
8		机动车停车位	个	2957
	其中	地下停车位	个	2250
		地上停车位	个	707
		其中 地面停车位	个	395
		其中 机械车库停车位	个	312
9		非机动车停车位	个	2916
	其中	地下停车位	个	517
		地上停车位	个	2399

综合院区医疗工艺功能用房（七大设施用房）

开展科研、教学以及其他服务功能的医院，应适当增加其对应功能用房

急诊部：

急诊 急救
挂号 收费 药房
检验 X线检查 功能检查
手术 EICU 输液
留观用房等

住院部：

出入院办理 重症医学科病区
传染病区 普内科病区
心血管内科病区 血液内科病区
消化内科病区 肾脏内科病区 神经内科病区
内分泌及代谢科病区 普外科病区 神经外科病区
心胸外科病区 口腔外科病区 骨科病区
泌尿外科病区 产科病区 新生儿病区
儿科病区 肿瘤科病区 皮肤科病区
眼科病区 耳鼻喉科病区
中西医结合科病区 康复科病区
感染疾病科病区等

医疗区域的核心用房占比为84%

直接面对患者

保障系统：

安保用房 供氧站
停车系统 总务库房
垃圾处置 污水处理站
洗衣房 太平间
设备用房等

门诊部：

内科 外科 妇科 产科
儿科 耳鼻喉科 口腔科 眼科
中医科 皮肤科 康复医学科
肠道门诊 骨科 肿瘤科
泌尿科 血液科
预留科室等

医技科室：

透析中心 介入中心
高压氧治疗中心
日间手术 影像科 核医学科
放疗科 功能检查科 检验中心
病理科 药剂科 输血科 内镜中心
配液中心 消毒供应中心
手术中心 超声医学科
分娩中心 营养科等

院内生活：

值班宿舍
职工餐厅等

业务管理：

行政办公
病案室
信息中心等

综合院区急诊急救体系

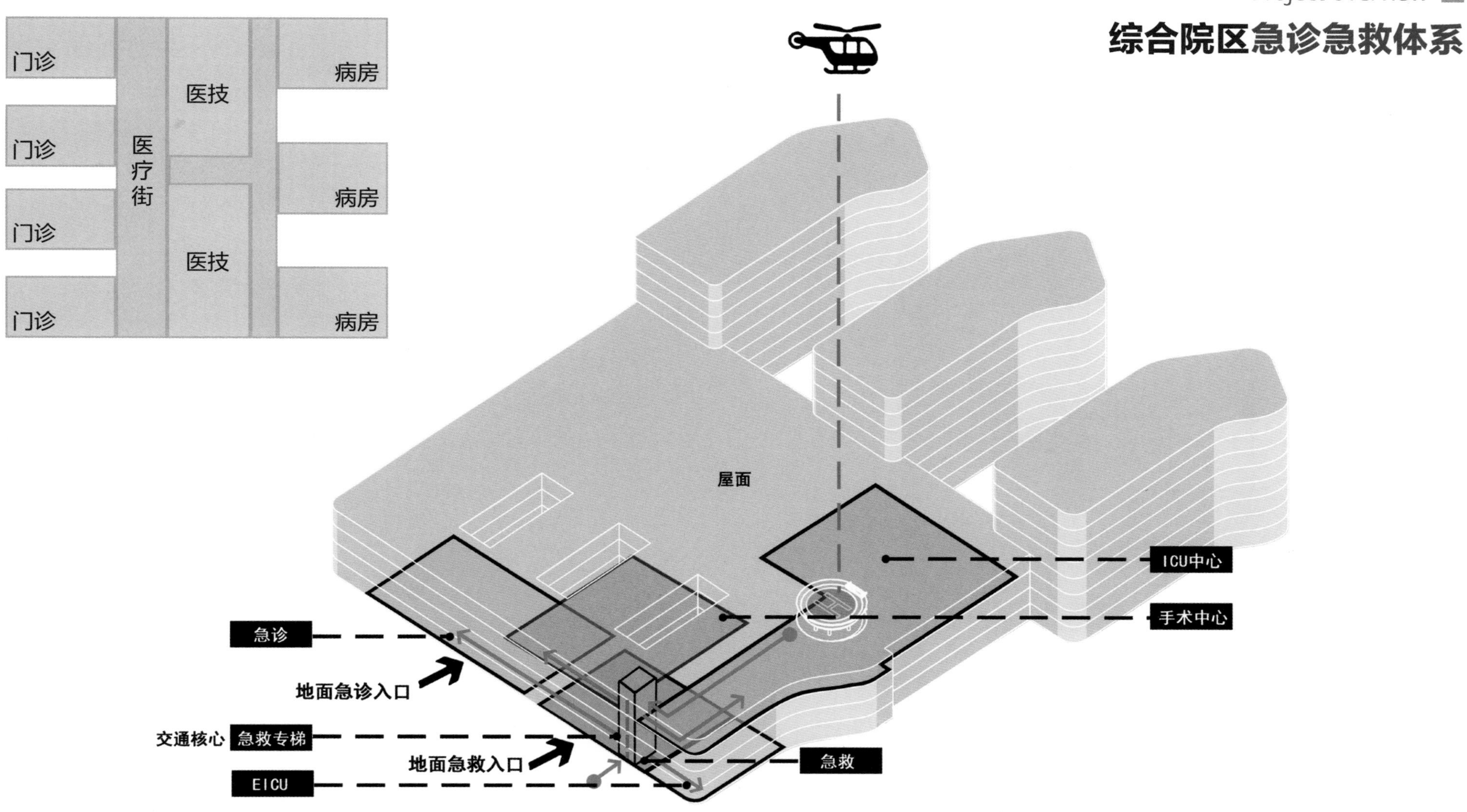

在早期的医院设计中，急诊、急救的设计常更多地关注与门诊的临近关系而忽略与手术中心、ICU 中心之间的联系，患者经过抢救后输送到手术中心或 ICU 中心需要很长的路程，往往要经过公共通道，和门诊病人混流，同时耽误救治的时间，也给医护人员工作带来极大的不便。本项目设计中，急诊、急救与手术中心、ICU 中心、屋面直升机停机坪通过急救专用电梯垂直联系，形成抢救患者的专用通道，节约抢救时间，保障患者的生命安全。

综合院区功能分区

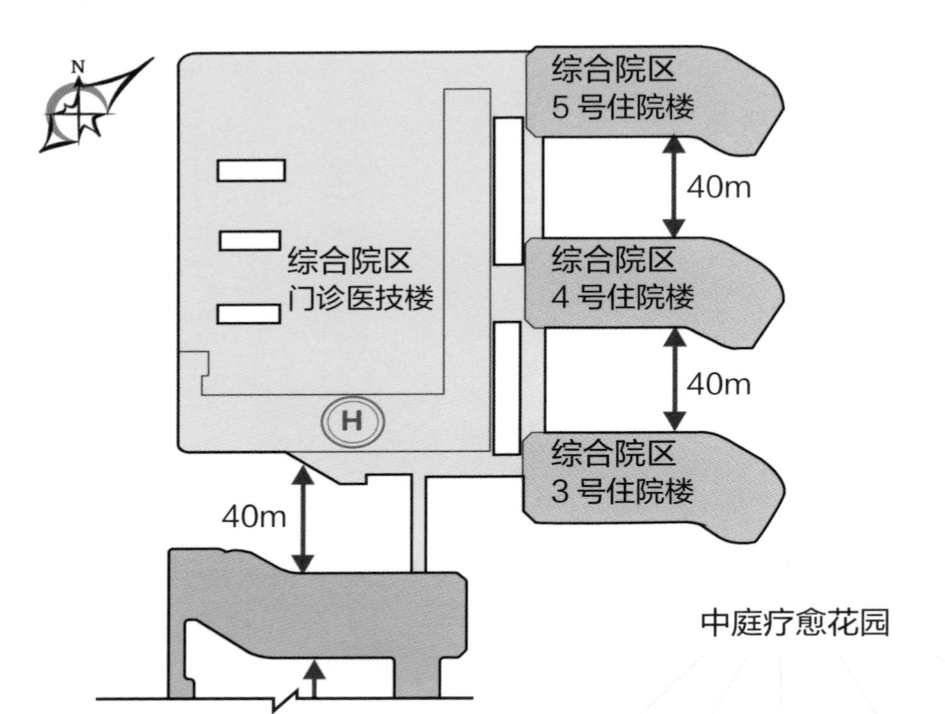

综合院区与传染病院区之间有**40m**绿化带隔离。

综合院区医技单元位于住院和门诊单元之间，门诊医技之间为**中心医疗街**。医技与住院间有独立连廊连接，方便急时综合院区住院部**转化**为传染病住院部，届时综合院区的门急诊和医技科室会关闭。住院病人的手术及医技使用需要到传染病院区进行。

住院部单元之间间距为**40m**，满足日照的同时也满足传染病院区住院楼（急时转换后）间距要求。

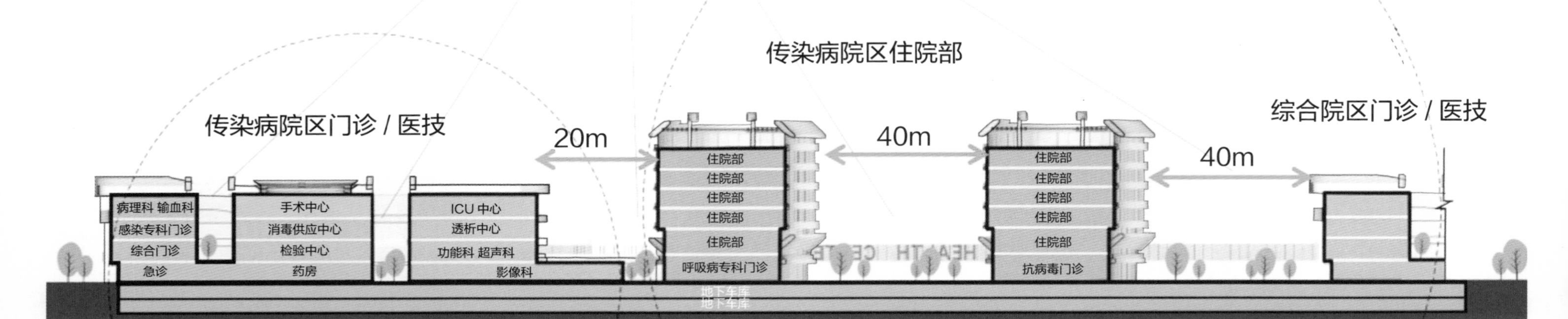

传染病院区功能布局

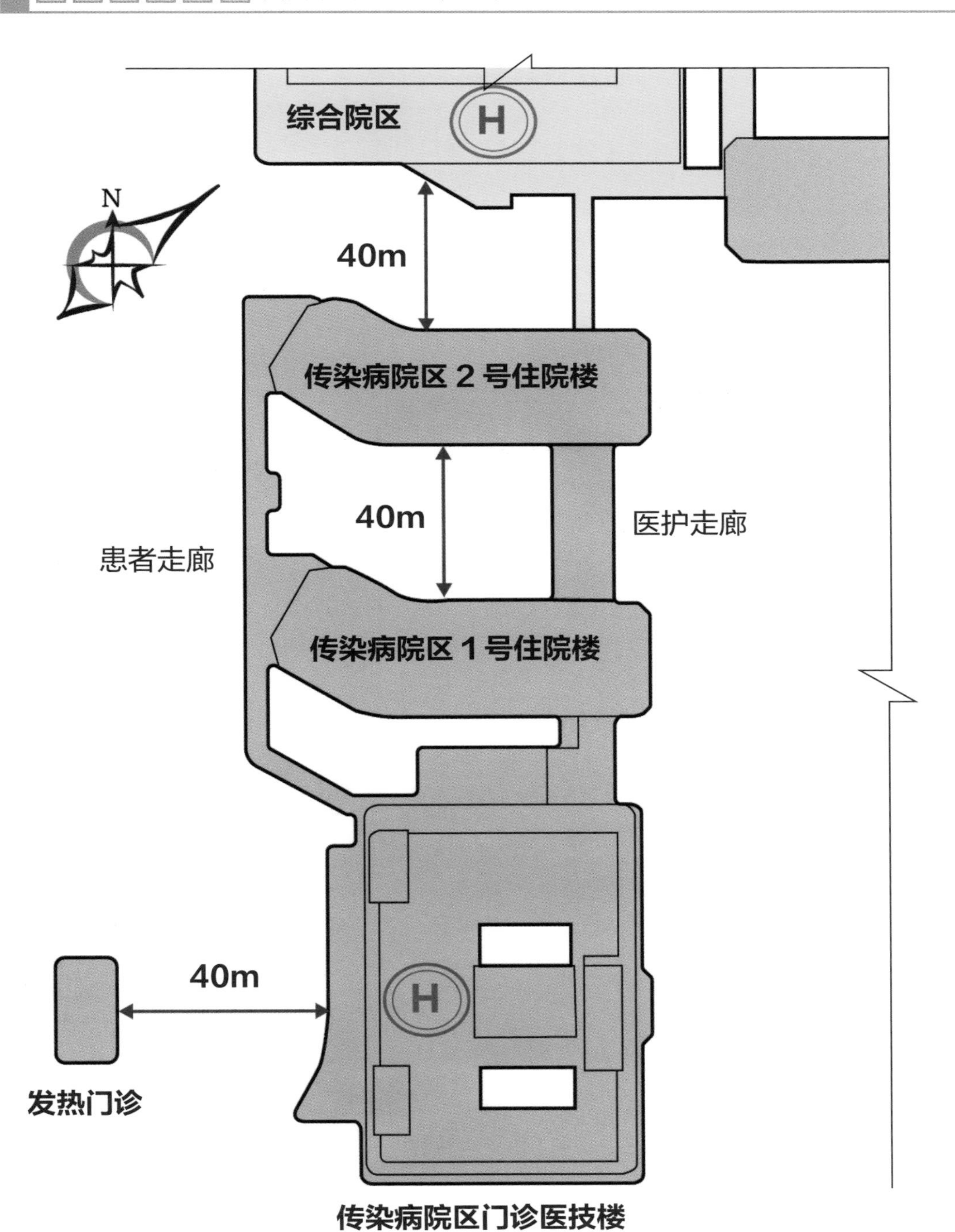

传染病院区布置于基地的西侧，处于基地的下风向。

整个医院用地由南向北依次为传染病院区门诊医技楼、传染病院区住院楼，综合院区门诊医技楼及住院楼。

西侧为患者使用走廊，东侧为医护使用走廊，平行布置不交叉，有效达到物理间隔要求。

多数病房均南向设计，医护区工作人员常住办公休息室均有采光。

护理单元污染区扭转一定角度与城市主导风向东北风形成垂直夹角，最大程度形成空气快速流通。

500 床传染病院区急时可与综合院区一并拓展为1500 床。传染病院区门急诊、医技楼按平时 500 床规模设置，急时增加移动 CT 车、移动 PCR 检测车等，满足 1500 床的使用要求。

传染病院区急诊急救体系

传染病院区急诊、急救符合医疗流程的设计，**急诊、急救**位于**手术中心、ICU 中心**正下方，通过**急救专用电梯**直接联系。

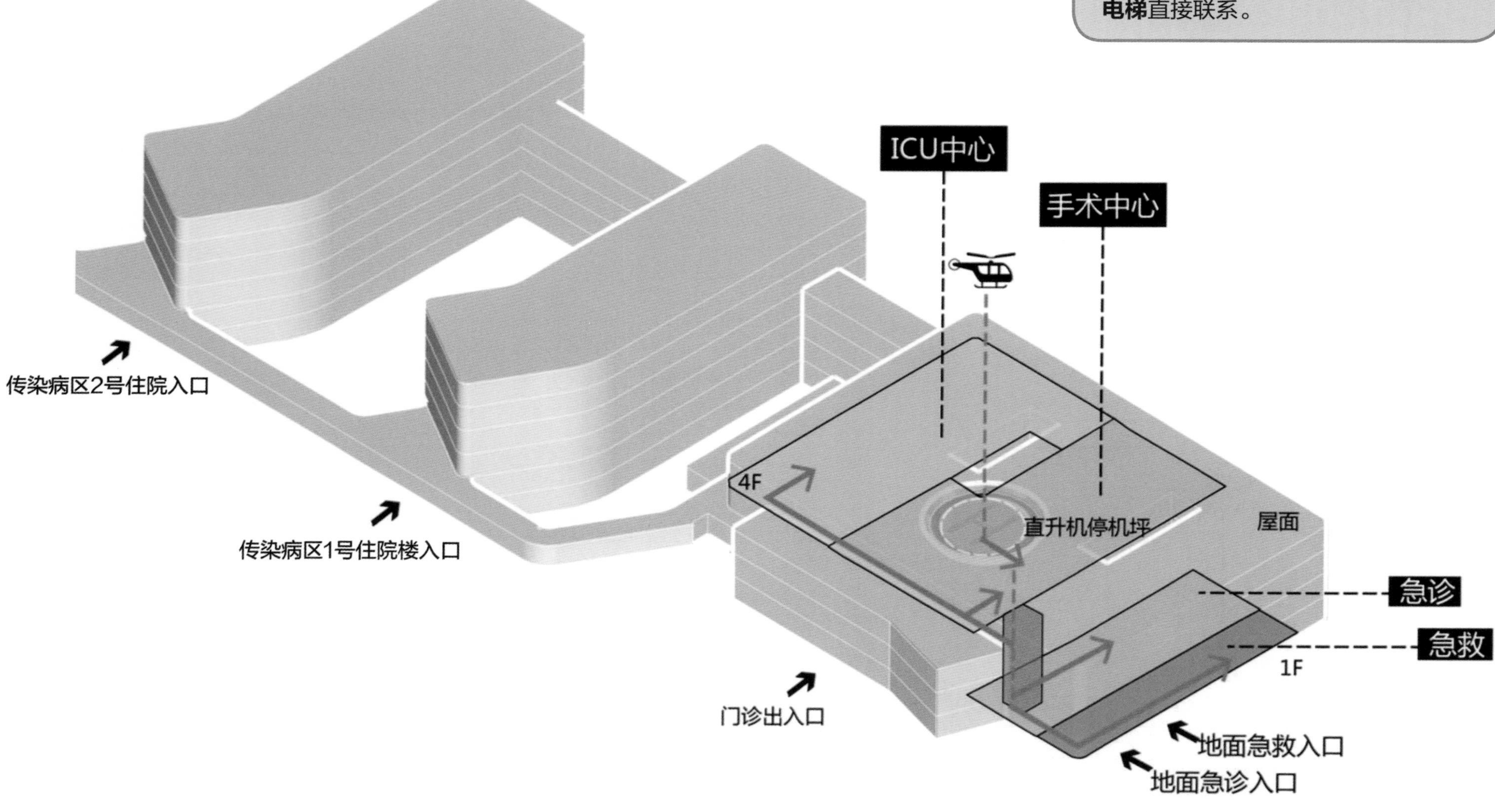

西安市公共卫生中心——市疾控中心总平面图

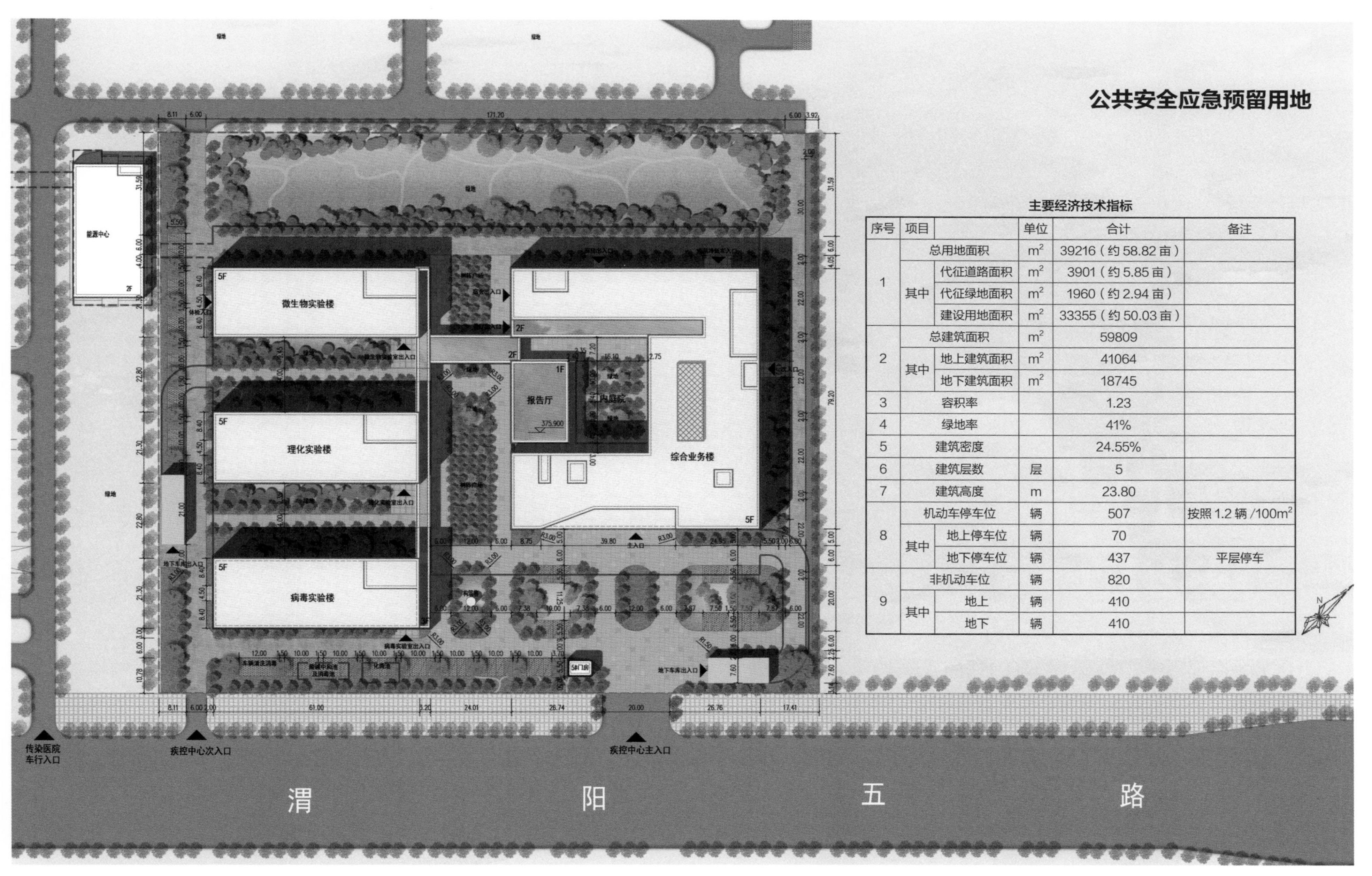

主要经济技术指标

序号	项目		单位	合计	备注
1	总用地面积		m²	39216（约 58.82 亩）	
	其中	代征道路面积	m²	3901（约 5.85 亩）	
		代征绿地面积	m²	1960（约 2.94 亩）	
		建设用地面积	m²	33355（约 50.03 亩）	
2	总建筑面积		m²	59809	
	其中	地上建筑面积	m²	41064	
		地下建筑面积	m²	18745	
3	容积率			1.23	
4	绿地率			41%	
5	建筑密度			24.55%	
6	建筑层数		层	5	
7	建筑高度		m	23.80	
8	机动车停车位		辆	507	按照 1.2 辆 /100m²
	其中	地上停车位	辆	70	
		地下停车位	辆	437	平层停车
9	非机动车位		辆	820	
	其中	地上	辆	410	
		地下	辆	410	

西安市疾病预防控制中心总体综合办公区和实验区呈双“E”布局

理念 1

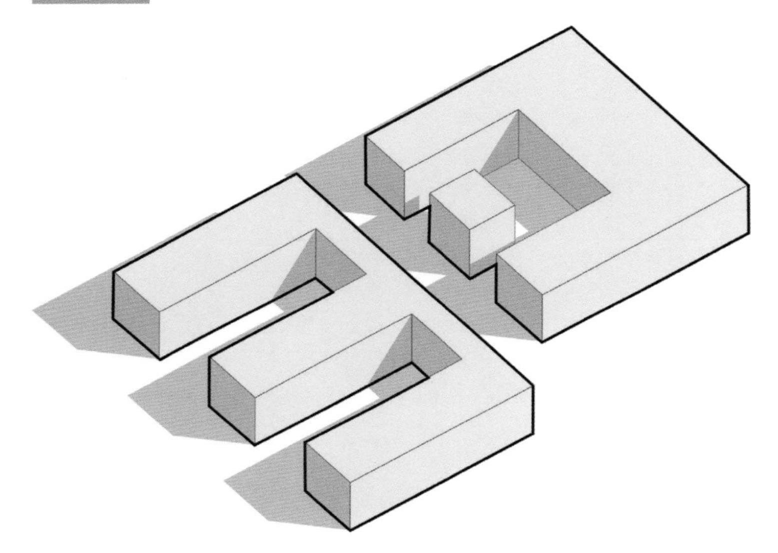

E FFICIENT 高效

E FFECTIVE 有效

1. 疾病预防控制中心通过对疾病、残疾和伤害的预防控制，创造健康环境，维护社会稳定，保障国家安全，促进人民健康。需要通过**高效 有效**的工作来实现以上职责。提取 E 字形态通过组合及变形形成稳重又多变的空间形态。

理念 2

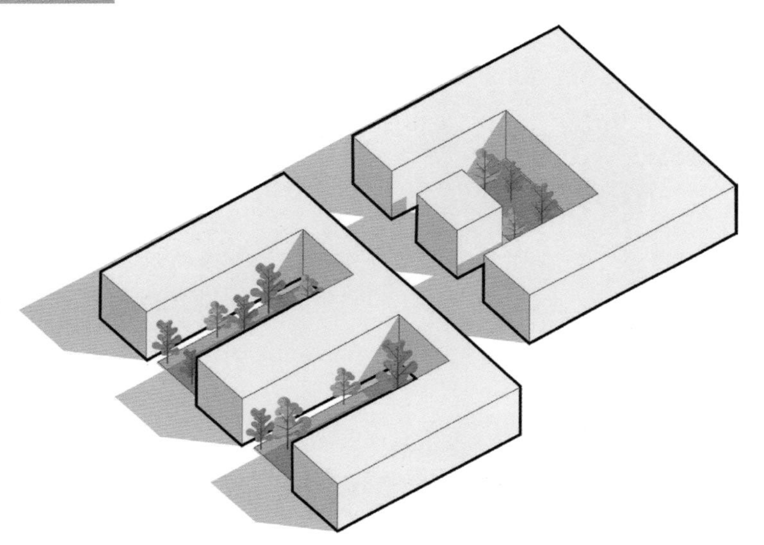

2. E 字形态带来多重院落空间，使得功能相似但需相对独立的实验室部分有良好的通风采光以及庭院景观，办公部分围合主庭院营造景观焦点。

设计宗旨

1. 创造融入自然的生态办公实验环境空间
2. 使用金属材料凸显实验建筑的性格特征
3. 强化心理层面关怀，素雅宜人的表皮色彩设计
4. 融入主题的特色空间，强化独特体验感

建筑造型设计理念

设计理念

项目设计在深入探索丝绸之路文化精髓的基础上，巧妙地将唐代歌舞非遗文化的灵动与优雅，融入到建筑的设计与构造之中。建筑的外立面采用了柔和的曲线设计，赋予了建筑一种开放而充满活力的气质。曲线的运用不仅为观者带来了视觉上的享受，更在无形中营造出一种温馨而亲切的氛围，极大地缓解了传统医院建筑可能带给人们的严肃与紧张感。它以一种现代而又不失古典韵味的方式，向世人展示了丝绸之路文化的深远影响，以及唐代非遗文化中那份独有的包容与大度。在这里，每一位患者都能感受到来自设计者的深思熟虑与细致入微的人文关怀，从而在疗愈的同时得到心灵的慰藉与放松。

材料选择

建筑外立面除采用柔和的白色曲线外，在建筑裙房处，还增加了仿木纹穿孔复合铝板装饰，打破医疗建筑外立面纯色氛围的单调性。在三栋综合住院楼和两栋传染病院区住院楼的侧面安装有仿木纹纵向格栅装饰带，顺着整体建筑群的飘带曲线造型延伸，贯穿于整个建筑群体，使得这座群体医疗建筑更加舒展连贯。

位置示意

材料选择

在建筑立面细节方面，通过精细化的外立面幕墙设计，营造出柔和连续的立面效果。外立面选取了骨白金属粒子氟碳滚涂板、4mm 厚复合铝板、8mm 厚穿孔面板、仿木纹复合铝板等材料，营造出简洁流畅的白色金属线条，并点缀以木色金属装饰，为立面增添活力。

位置示意

金属翼：
仿木纹金属翼：铝合金型材或 3mm 厚单层铝板，PVDF 喷涂；
凹槽：半透明（人造板）。

飘带形体面板：平板，骨白金属粒子氟碳滚涂板，4mm 厚复合铝板；
凹槽：半透明（人造板）。

入口门：钢结构框架，双层门头+喷砂不锈钢窄边框地弹玻璃门，不锈钢门套（包覆缝隙开放）+木纹吊顶。

铝合金平开门系统，骨白金属粒子，氟碳喷涂。

夜景亮化设计

医疗建筑空间的灯光兼具照明和装饰的双重作用，在医院设计项目实践中要综合考虑其功能性需求和医院绿色管理要求。良好的医院照明系统，在通亮舒适的环境下能够舒缓病人的不良情绪，使病人能安心地等待就诊和治疗，为治疗带来积极的效果，保证医务工作者能高效快捷地完成各项工作。

围绕创造健康的光环境为前提，在本项目楼体本身建筑夜景、周围光环境、区域光环境、过道走廊灯不同区域设计不同的照明方案，以消除患者紧张的情绪，同时提供良好的照度、均匀度，保证医护人员开展工作的必要照明需求。照明结合室内空间中采用的各种彩色元素，主照明色温使用纯净、冷静的 3500～4500K 暖光，来平衡患者和医护人员对空间色温的需求。

室内空间设计理念——综合院区

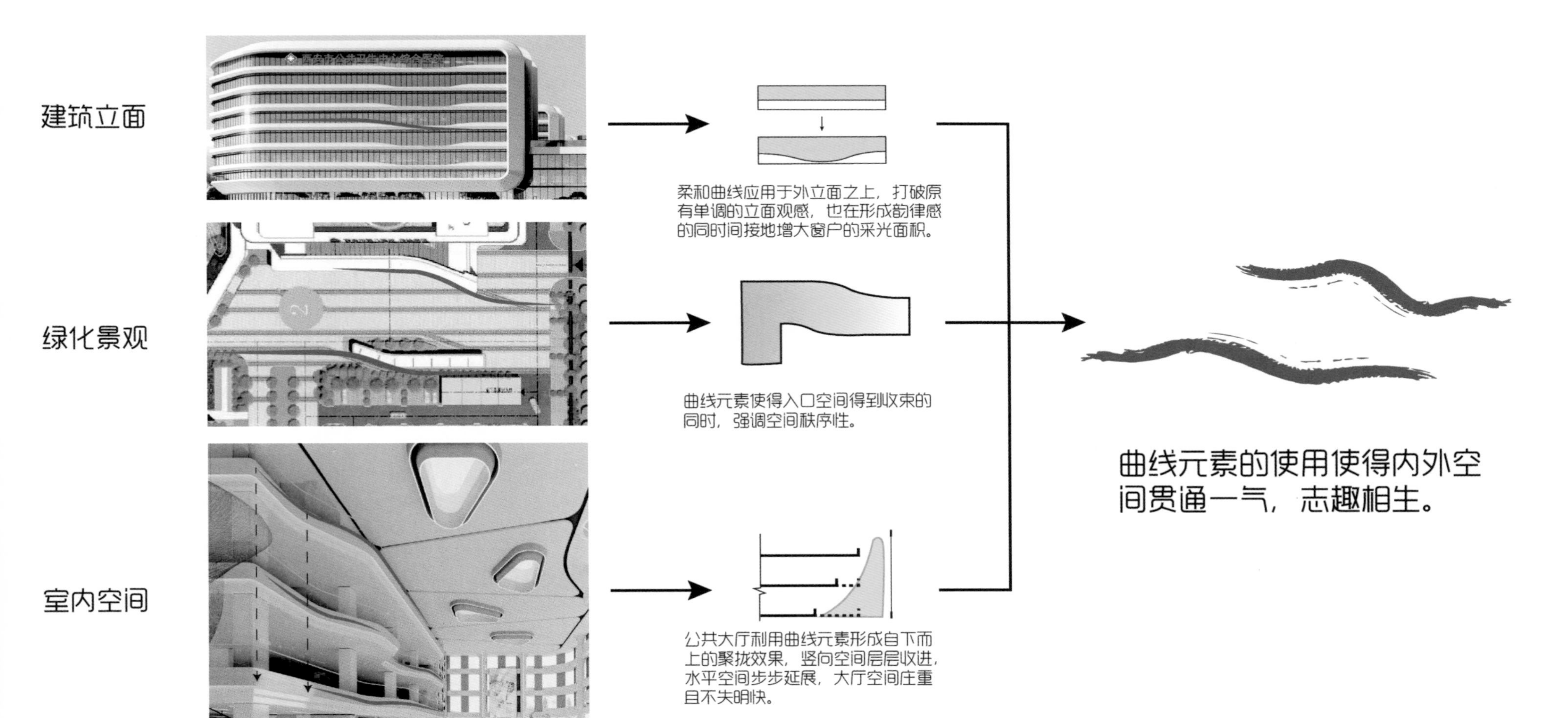

室内空间设计理念——综合院区

设计灵感取自自然界中的高山、流水、丛林、洞石四种元素。

室内空间设计构思与创意——综合院区

拱形的设计灵感源自于高山的曲折线条，巧妙地弱化了空间内的阳角，形成了一个圆润而流畅的造型。这种设计不仅在视觉上带来了和谐美感，还将高山层峦叠嶂的意象融入其中，赋予了整体设计更多的层次与深度，从而创造出一种丰富而多变的视觉体验，令观者仿佛置身于大自然的壮丽之中。

项目概况
Project overview

室内空间设计构思与创意——综合院区

设计从流动的水面中提取流线元素，通过在空间的水平与垂直区域进行巧妙划分，营造出一种连贯而蜿蜒的视觉效果。这种设计手法使医疗空间展现出更加柔和和舒缓的氛围，能够有效地减轻患者的紧张感与焦虑情绪。流线的曲线不仅在视觉上创造了流动感，也使空间更加开放和通透，营造出一个让人放松、易于交流的环境，为患者提供了更为舒适的就医体验。

室内空间设计构思与创意——综合院区

丛林中提取的木元素为设计注入了自然的灵感，内部空间中精心点缀的木纹装饰，营造出一种温馨而治愈的氛围。每一道木纹都散发着大自然的气息，令人倍感放松。同时，承重柱在设计中被赋予了树木与生命的象征意义。它们不仅仅是空间的结构支撑，更是生长与繁荣的象征，增强了空间的艺术氛围。柱子的设计灵感来源于树木的形态，仿佛它们扎根于这个空间，呼吸着生命的气息。这种独特的设计理念，让整个空间不仅具备了功能性，还融入了自然与艺术的灵魂，使每一位走入其中的人都能感受到生命的力量与自然的温暖。

室内空间设计构思与创意——综合院区

洞石

洞石以其独特而多样的形态展现了自然的鬼斧神工，这些形态为我们的设计提供了灵感源泉。我们将洞石的特征进行抽象化处理，巧妙地融入细节设计中，创造出天窗、座椅及其他家具元素。这些设计不仅在功能上满足医疗空间的需求，更通过自然的形状和线条，为环境增添了生机与活力。

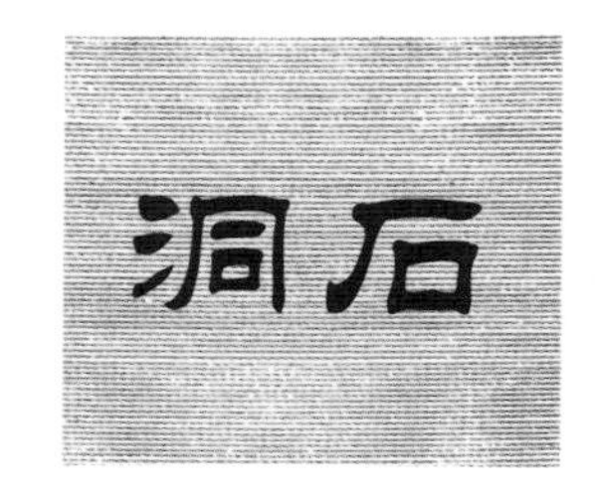

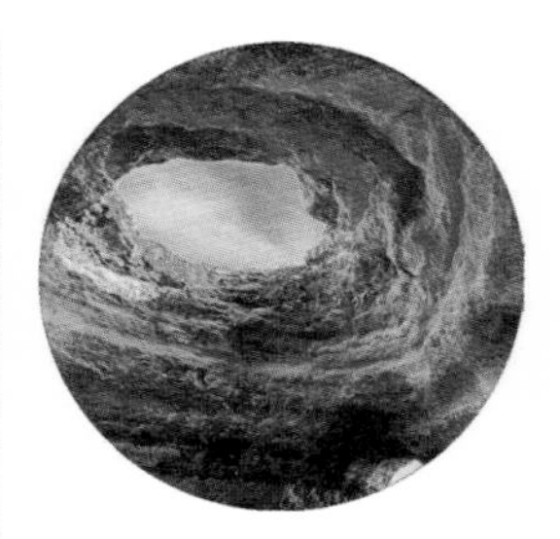

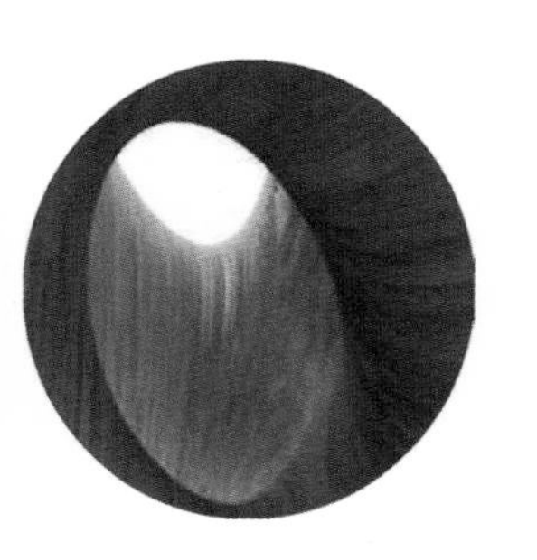

室内空间设计构思与创意——传染病院区

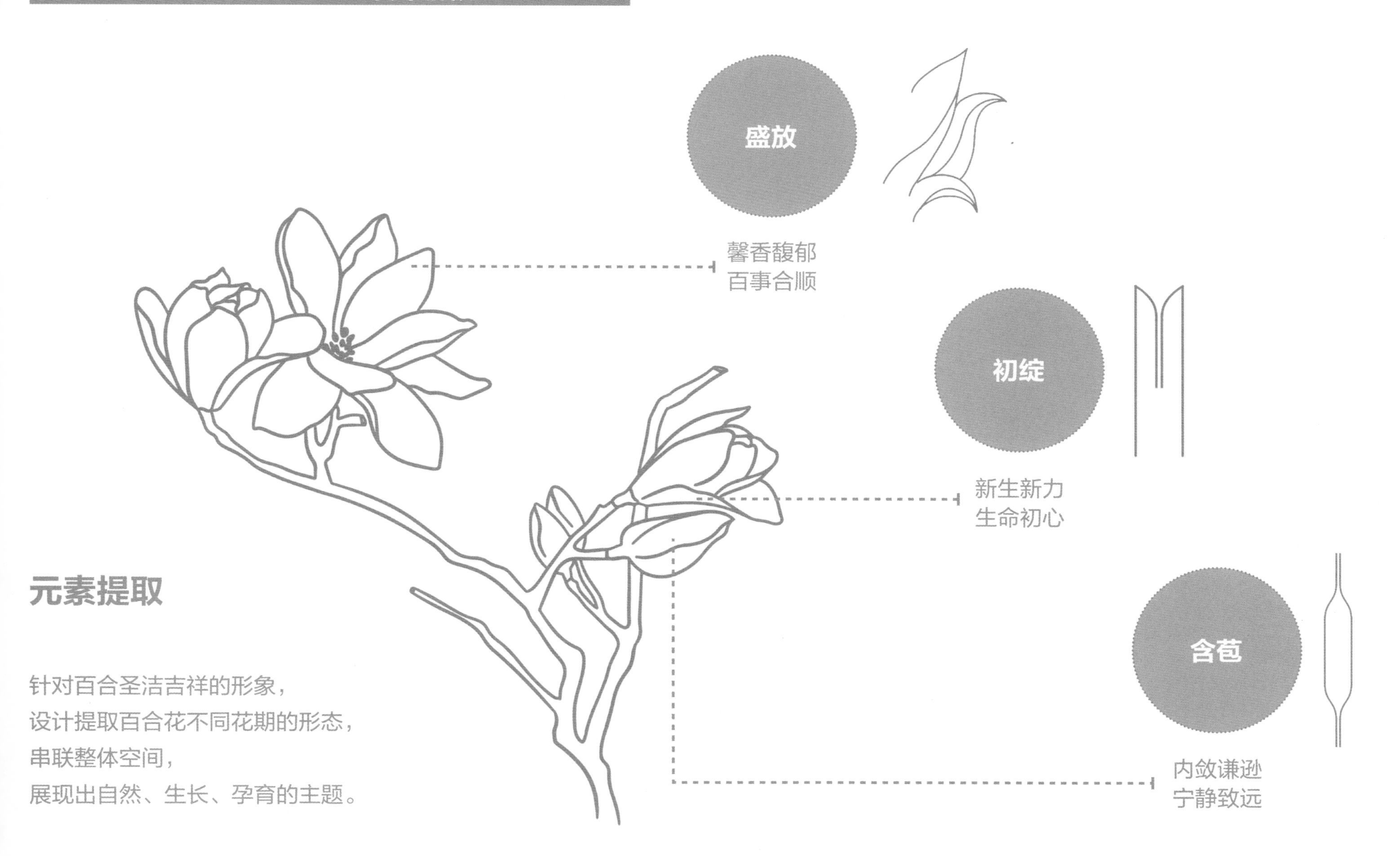

元素提取

针对百合圣洁吉祥的形象，
设计提取百合花不同花期的形态，
串联整体空间，
展现出自然、生长、孕育的主题。

室内空间设计构思与创意——传染病院区

传染病院区　门诊大厅

室内空间设计构思与创意——传染病院区

传染病院区　门诊大厅

室内空间设计构思与创意——传染病院区

传染病院区　住院大厅

室内空间设计构思与创意——市疾控中心

市疾控中心　主入口大厅

室内空间设计构思与创意——市疾控中心

市疾控中心　主入口大厅

西安市公共卫生中心实景图一

西安市公共卫生中心实景图二

西安市公共卫生中心实景图三

西安市公共卫生中心——传染病院区住院楼实景图

西安市公共卫生中心——传染病院区门诊医技楼实景图

西安市公共卫生中心——指挥保障中心实景图

西安市公共卫生中心——传染病院区门诊大厅实景图一

西安市公共卫生中心——传染病院区门诊大厅实景图二

西安市公共卫生中心——综合院区门诊大厅实景图一

西安市公共卫生中心——综合院区门诊大厅实景图二

INTRODUCTION OF BOTH PEACETIME AND EMERGENCY TIME USE

平急两用设计简介

2.1 项目床位总体平急两用

■ 项目按照平时约 1500 床（其中综合院区约 1000 床，传染病院区 500 床）设计，急时可转换为约 1500 床定点医院。急时模式下，病区按医院整体 ICU 比例不同分为两种模式，即 ICU 病床占总床位数的 10% 的病区急时模式一和 ICU 病床占总床位数 20% 的病区急时模式二。

■ 疫情进一步严重时，可利用场地东侧空地建设 2400～3000 床临时方舱医院，进入急时模式三状态，项目总体形成 1500 床定点医院与 2400～3000 床方舱医院。

2.2 项目病床及 ICU 床位平急两用

根据西安市新型冠状病毒肺炎疫情防控指挥部办公室《关于西安市公共卫生中心建设项目规范设置床位的通知》（市疫指办［2022］591 号）文件精神，对定点医疗机构作出以下要求："人口规模在 1000 万～2000 万的城市，床位总数不少于 1500 床；重症救治床位要达到医院总床位数的 10%，同时，按照平急结合原则建设可转换重症救治床位，确保有需要时重症床位可扩展至不低于床位总数的 20%。"

本项目定点医院按三种可相互转换模式进行相关病床和 ICU 床位设置。

分为平时模式、急时模式一、急时模式二。

■ 1. 平时模式

平时模式医院病床数设置见下表：

<table>
<tr><th colspan="6">平时模式病床数设置</th></tr>
<tr><th colspan="2"></th><th colspan="2">传染病院区（床）</th><th>综合院区（床）</th><th>全项目（床）</th></tr>
<tr><td colspan="2" rowspan="2">住院楼病床数</td><td rowspan="2">500</td><td>250（呼吸道负压病床）</td><td rowspan="2">1069（普通病床）</td><td rowspan="2">1569</td></tr>
<tr><td>250（非呼吸道病床）</td></tr>
<tr><td rowspan="4">ICU 病床数</td><td rowspan="2">中心 ICU 病床数</td><td rowspan="2">13</td><td>8（呼吸道负压病床）</td><td rowspan="2">27</td><td rowspan="2">40</td></tr>
<tr><td>5</td></tr>
<tr><td>病区 ICU 病床数</td><td colspan="2">0</td><td>0</td><td>0</td></tr>
<tr><td>ICU 病床总数</td><td colspan="2">13</td><td>27</td><td>40</td></tr>
<tr><td colspan="2">总病床数</td><td colspan="2">513</td><td>1096</td><td>1609</td></tr>
</table>

2. 急时模式一

急时模式一状态下，院区整体转换为 1500 床定点医院，传染病院区、综合院区护理单元全部转换为呼吸道传染病护理单元（即呼吸道负压病区平面图模式）。在此基础上部分传染病院区护理单元内设置 ICU 病床，使医院 ICU 床位占医院总床位数的 10%，即 ICU 床位数约 150 床。

急时模式一病床数设置				
		传染病院区（床）	综合院区（床）	全项目（床）
住院楼病床数		292（呼吸道负压病床）	1069（呼吸道负压病床）	1361
ICU 病床数	中心 ICU 病床数	13（呼吸道负压病床）	27	40
	病区 ICU 病床数	112	0	112
	ICU 病床总数	125	27	152
总病床数		417	1096	1513

3. 急时模式二（ICU 扩展模式）

急时模式二是在急时模式一的基础上，在传染病院区护理单元进一步增加 ICU 病床，并适当增加综合院区护理单元床位数，在满足整个医院 1500 床的同时，使医院 ICU 床位占医院总床位数的 20%，即 ICU 床位数达到约 300 床。

急时模式二病床数设置				
		传染病院区（床）	综合院区（床）	全项目（床）
住院楼病床数		60（呼吸道负压病床）	1140（呼吸道负压病床）	1200
ICU 病床数	中心 ICU 病床数	13（呼吸道负压病床）	27	40
	病区 ICU 病床数	260	0	260
	ICU 病床总数	273	27	300
总病床数		333	1167	1500

2.3 门诊医技平急两用

1. 综合院区门诊医技在急时停止使用。

2. 传染病院区门诊医技全部科室基本可实现急时转换为呼吸道传染病门诊医技，满足急时定点医院的诊疗需求。急诊、结核门诊、影像中心、内镜中心、透析中心、手术中心负压手术室、ICU 中心、检验中心、配液中心、消毒供应中心、病理科、输血科均可转换并满足急时使用要求。为减少资源浪费，提高诊疗效率，各门诊科室、超声科、功能科急时停用，不作转换，将相关功能集中整合至急诊和结核门诊区域。

DESIGNATED MEDICAL INSTITUTIONS FOR BOTH PEACETIME AND EMERGENCY TIME USE

院区总体平急两用

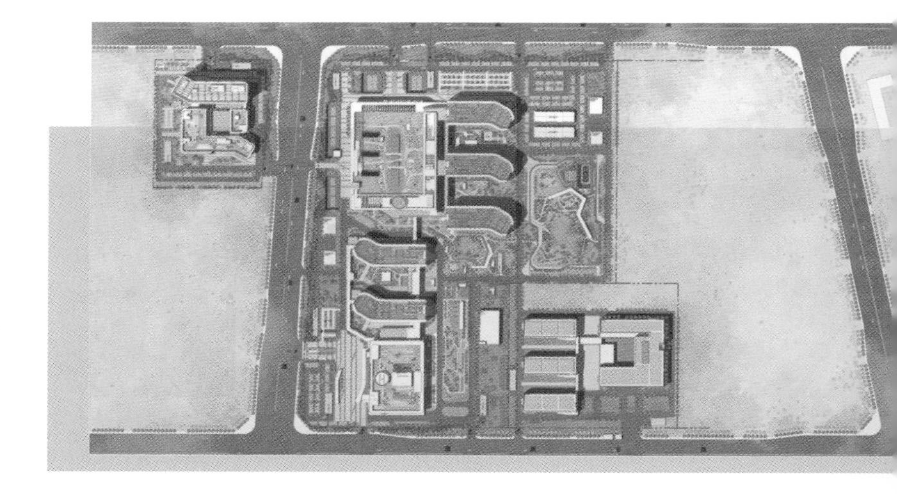

功能分区图

平时模式

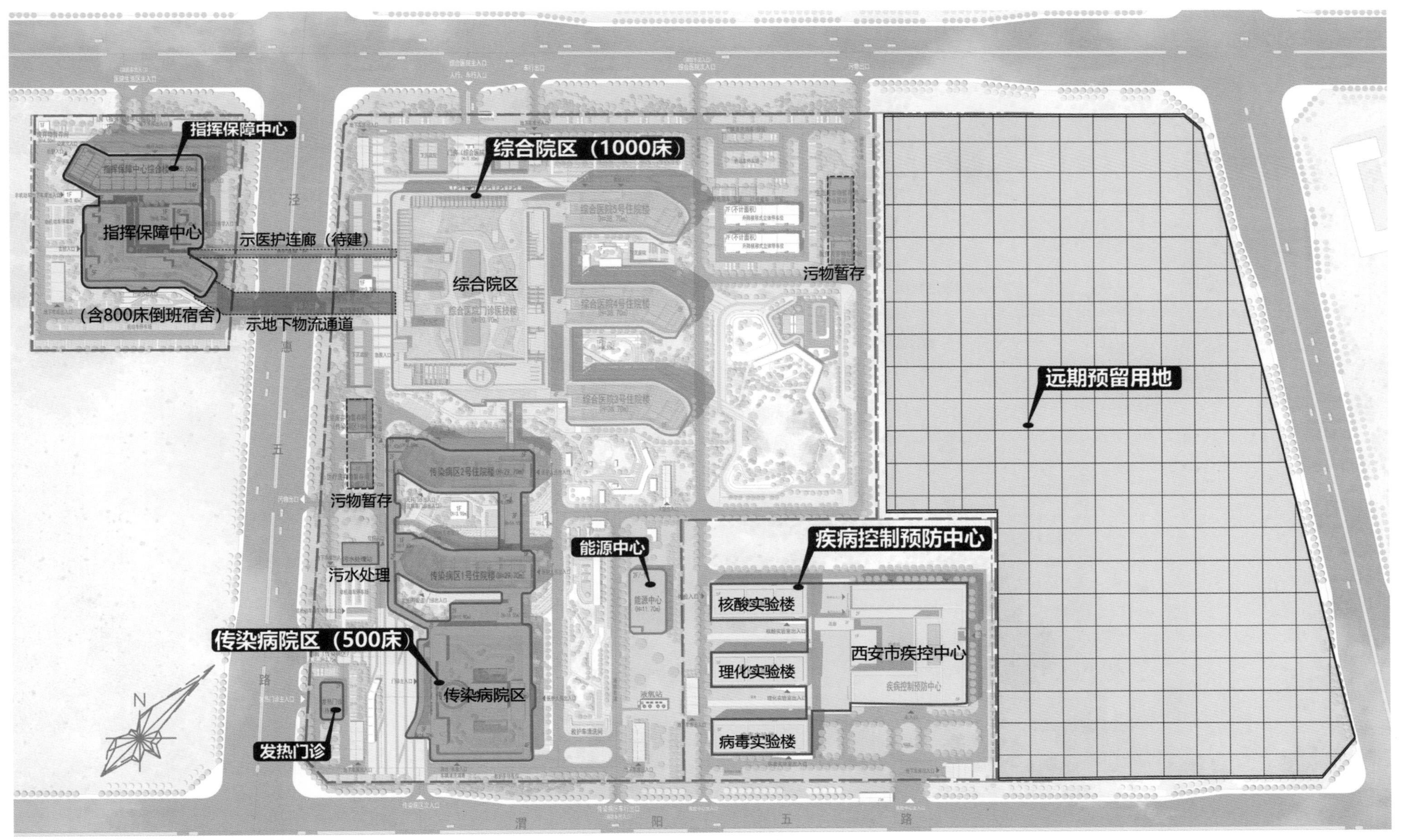

项目平时为约 **1500 床三甲医院**，其中包含**综合院区 1000 床**，**传染病院区 500 床**。

土建专业平急两用
Civil engineering

建筑间距分析图

平时 / 急时模式

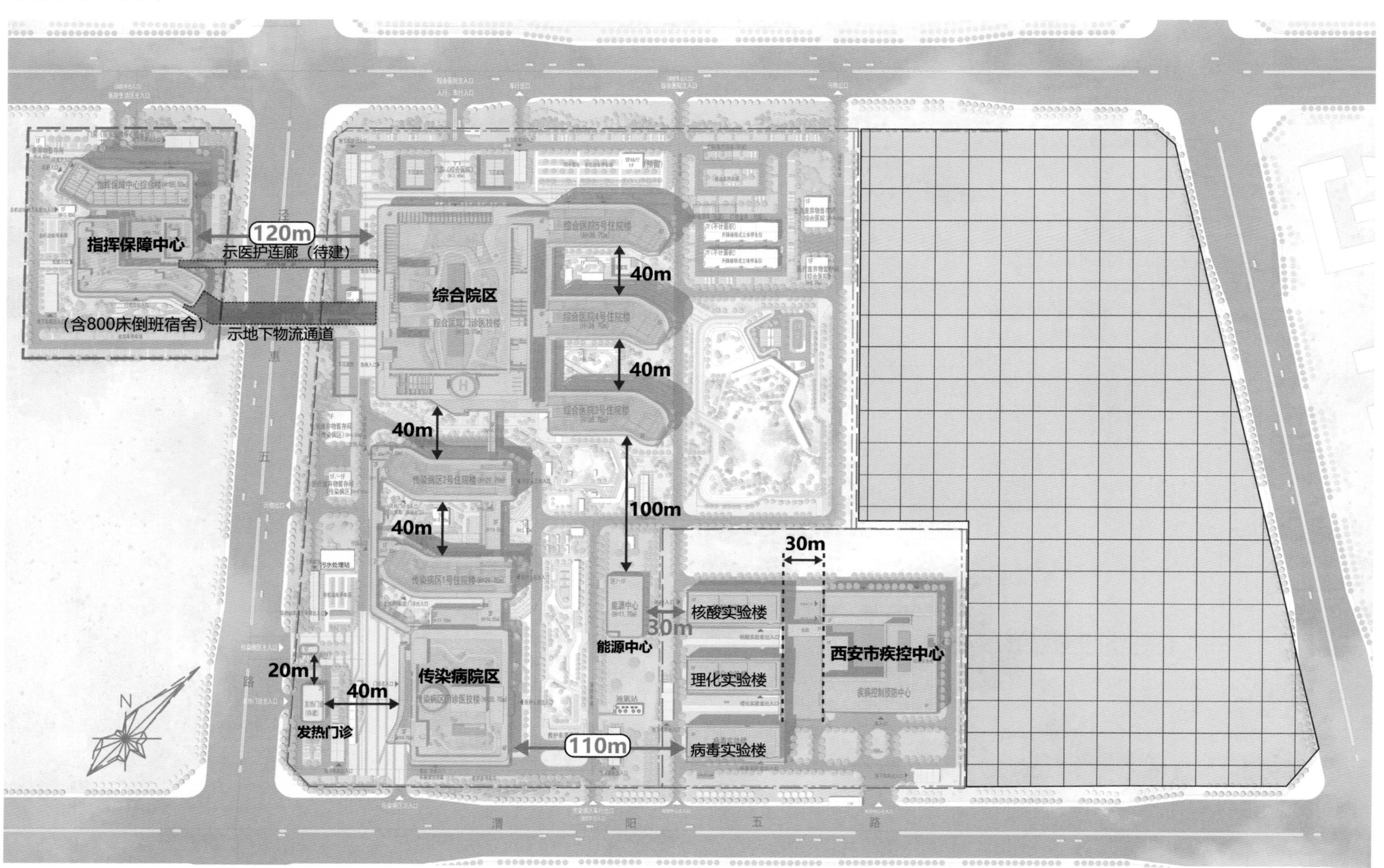

土建专业平急两用
Civil engineering

人流分析图

平时模式

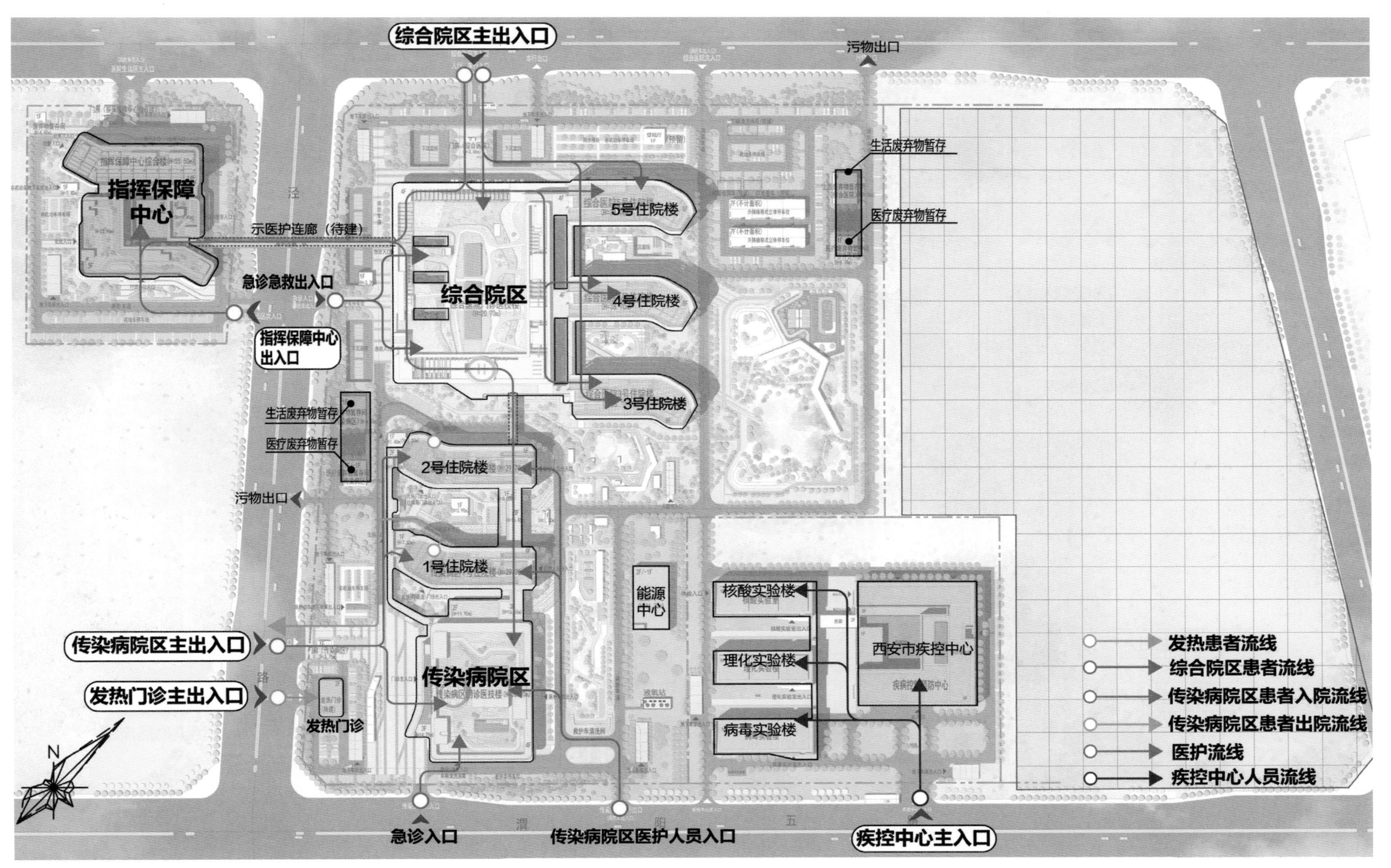
综合院区主出入口
污物出口
生活废弃物暂存
医疗废弃物暂存
指挥保障中心
示医护连廊（待建）
5号住院楼
综合院区
4号住院楼
3号住院楼
急诊急救出入口
指挥保障中心出入口
生活废弃物暂存
医疗废弃物暂存
污物出口
2号住院楼
1号住院楼
能源中心
核酸实验楼
理化实验楼
病毒实验楼
西安市疾控中心
传染病院区主出入口
发热门诊主出入口
传染病院区
发热门诊
急诊入口
传染病院区医护人员入口
疾控中心主入口
发热患者流线
综合院区患者流线
传染病院区患者入院流线
传染病院区患者出院流线
医护流线
疾控中心人员流线

土建专业平急两用
Civil engineering

物流分析图

平时模式

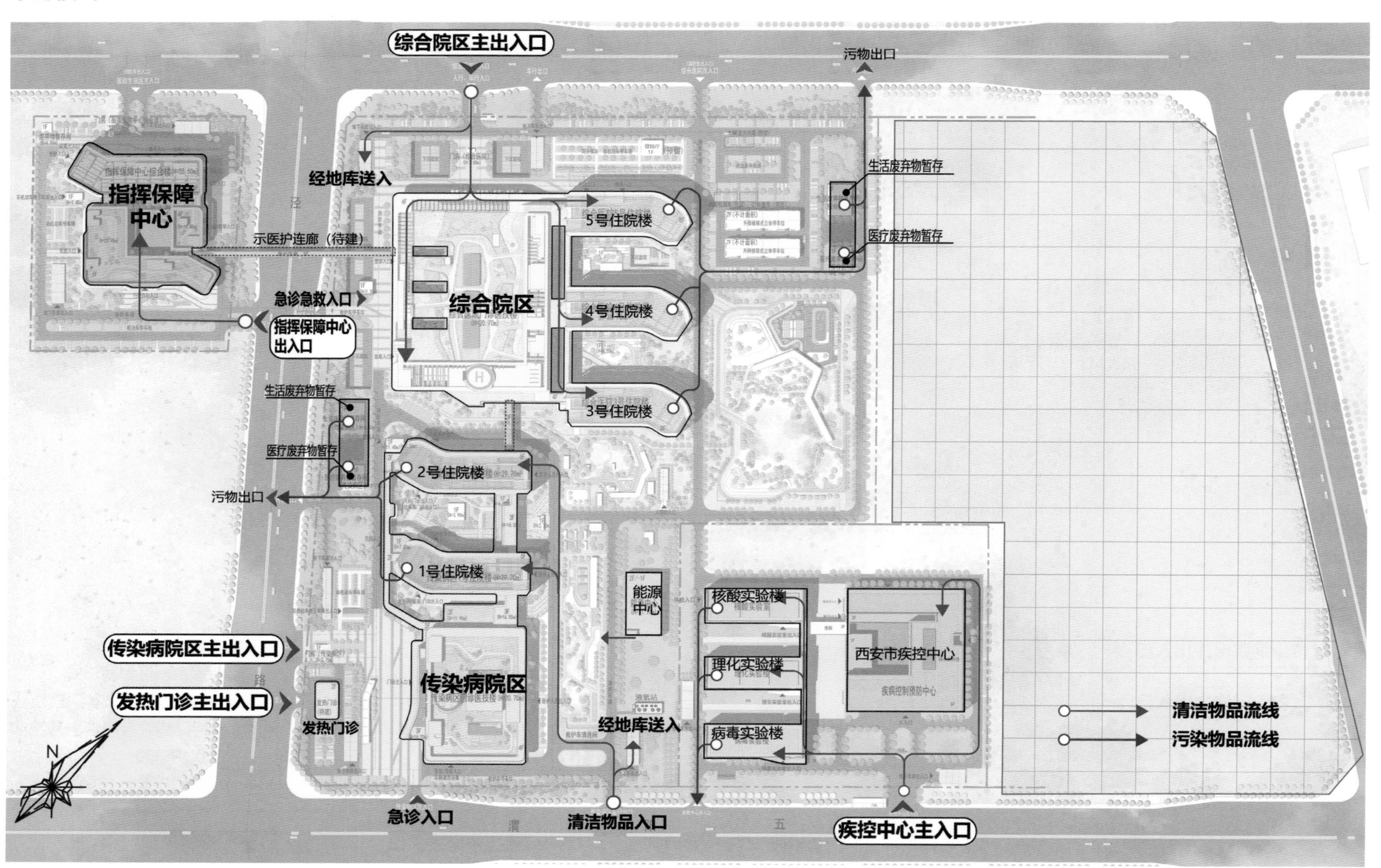
综合院区主出入口
污物出口
经地库送入
指挥保障中心
示医护连廊（待建）
急诊急救入口
指挥保障中心出入口
综合院区
5号住院楼
4号住院楼
3号住院楼
生活废弃物暂存
医疗废弃物暂存
2号住院楼
1号住院楼
污物出口
传染病院区主出入口
发热门诊主出入口
发热门诊
传染病院区
能源中心
核酸实验楼
理化实验楼
病毒实验楼
西安市疾控中心
经地库送入
急诊入口
清洁物品入口
疾控中心主入口
清洁物品流线
污染物品流线
N

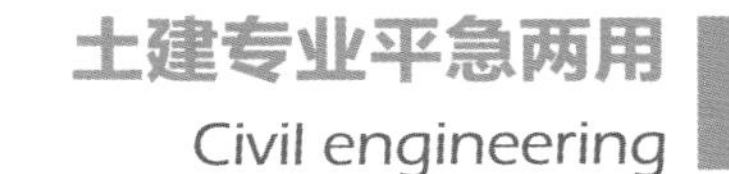

功能分区图

急时模式

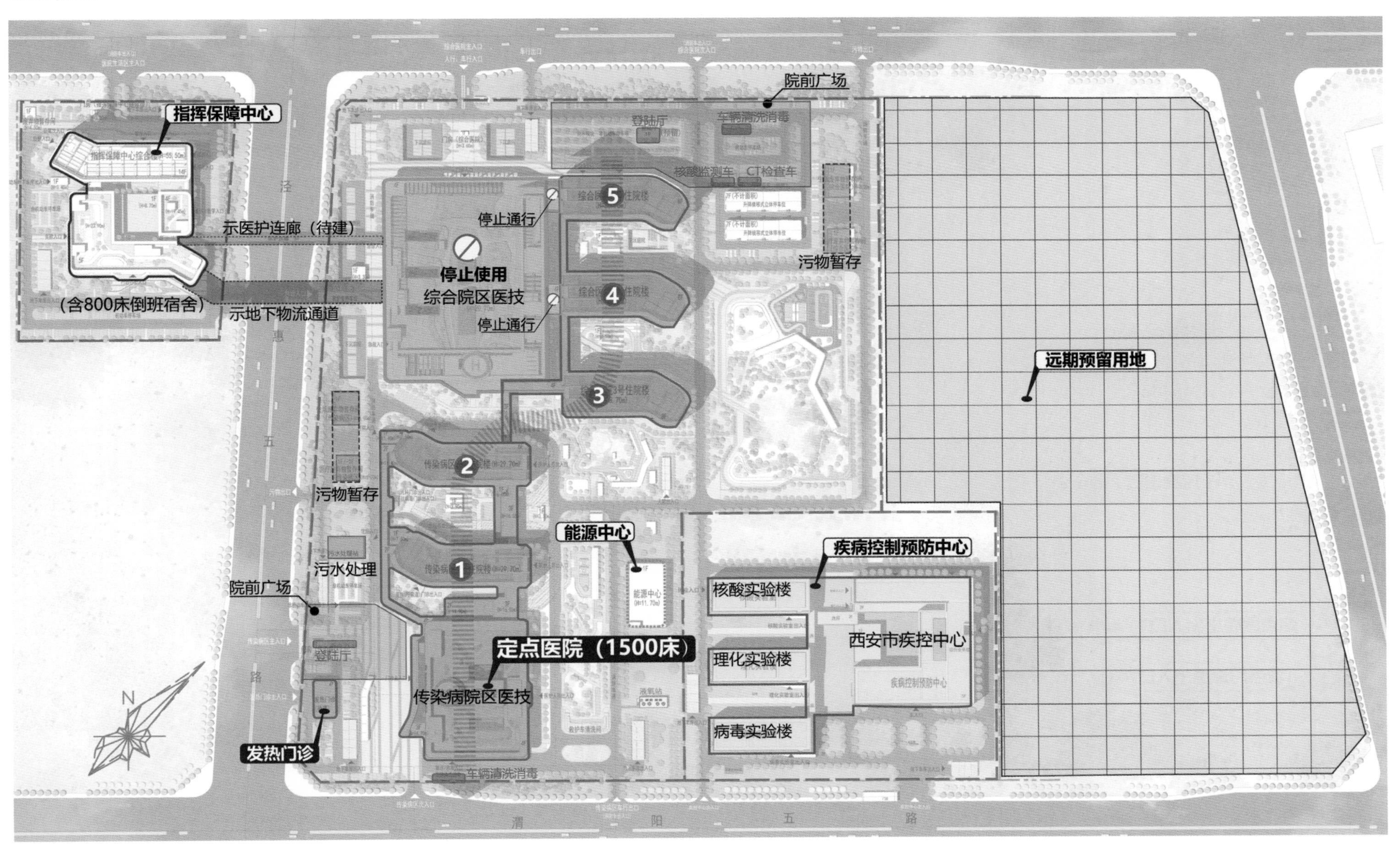

项目急时为 **1500 床**定点医院

出入口管理

急时模式

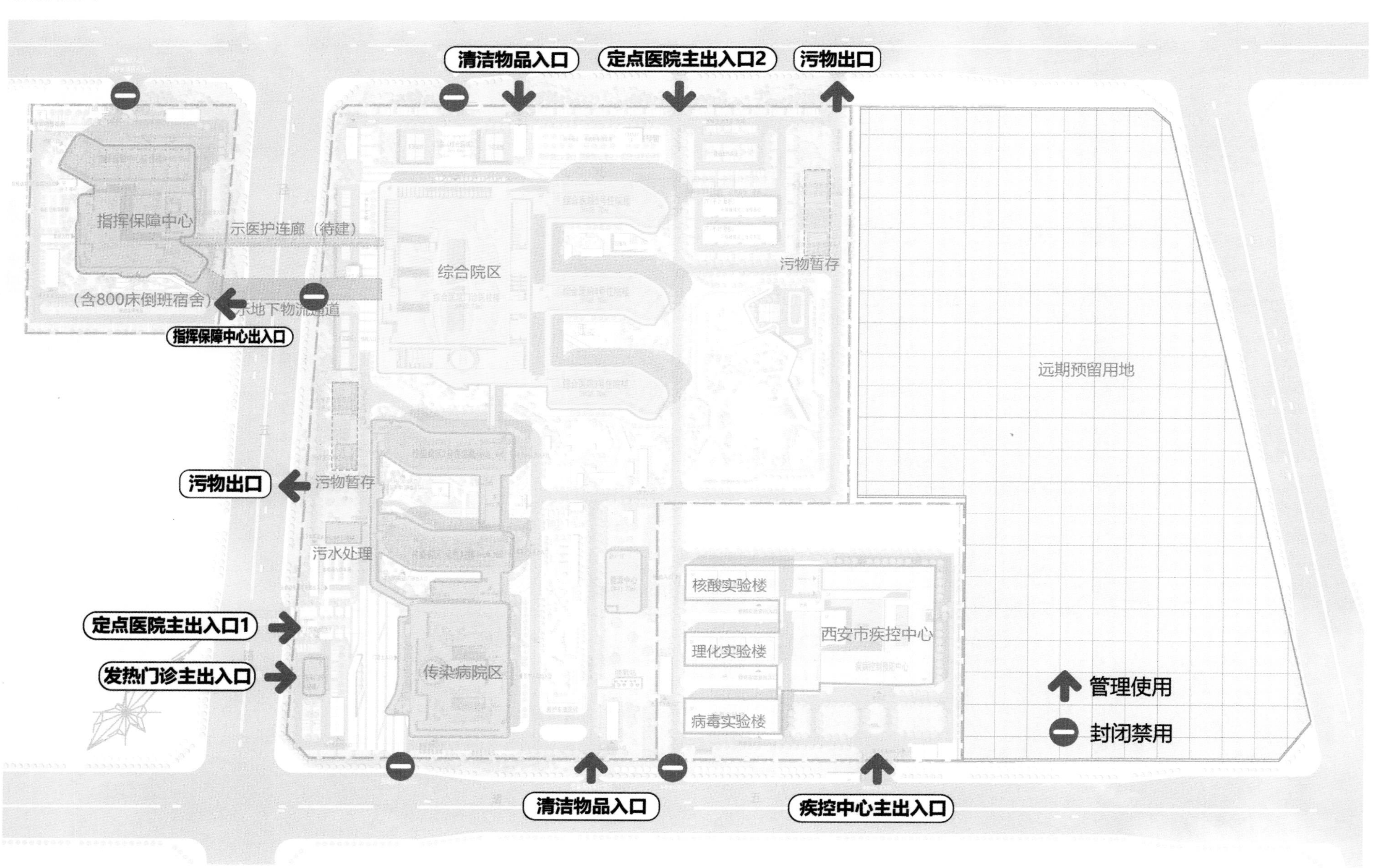
清洁物品入口
定点医院主出入口2
污物出口
指挥保障中心
示医护连廊（待建）
（含800床倒班宿舍）
示地下物流通道
指挥保障中心出入口
综合院区
污物暂存
远期预留用地
污物出口
污物暂存
污水处理
定点医院主出入口1
发热门诊主出入口
传染病院区
核酸实验楼
理化实验楼
病毒实验楼
西安市疾控中心
清洁物品入口
疾控中心主出入口
管理使用
封闭禁用

人流分析图

急时模式

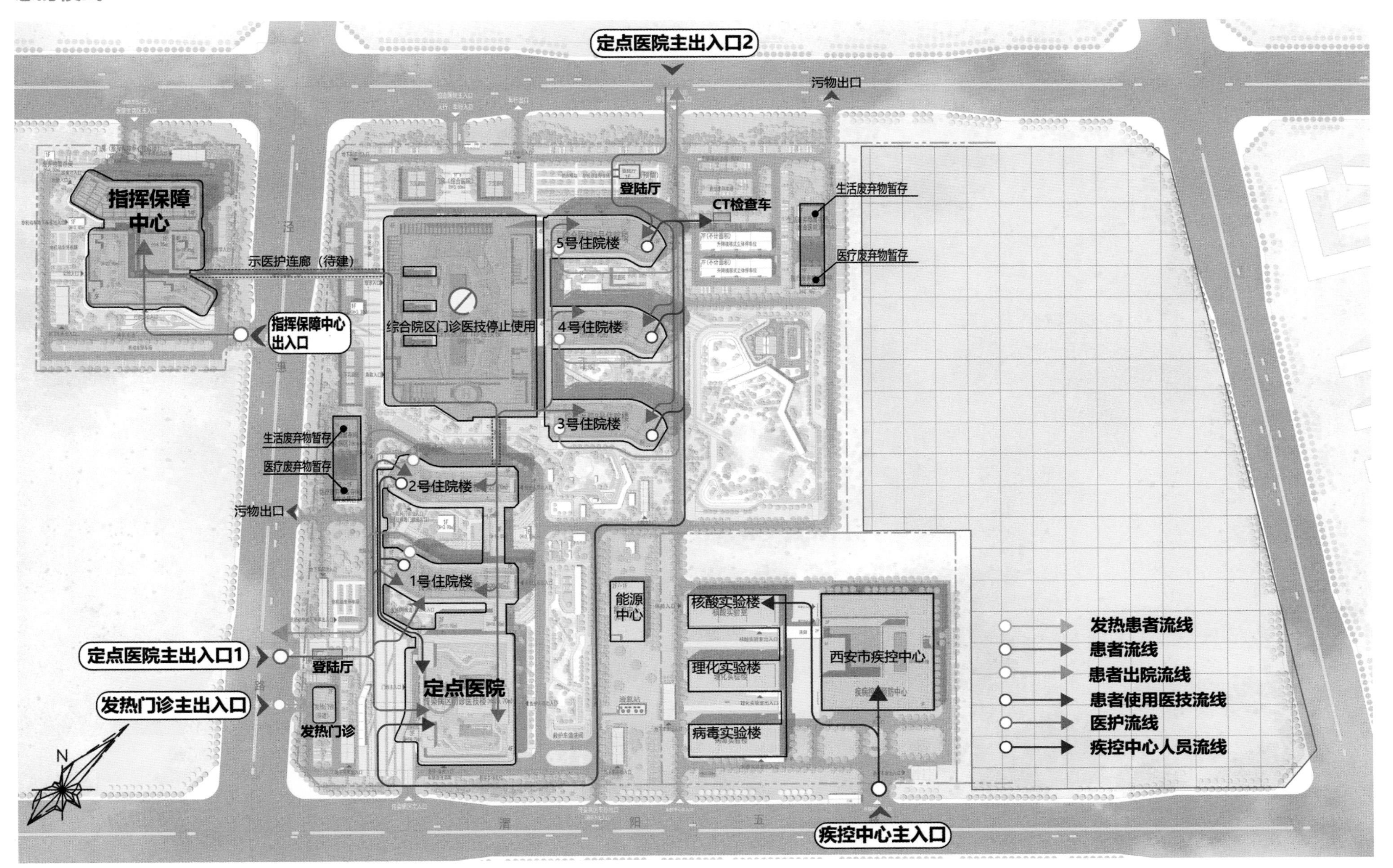
定点医院主出入口2
污物出口
登陆厅
CT检查车
生活废弃物暂存
医疗废弃物暂存
指挥保障中心
示医护连廊（待建）
5号住院楼
4号住院楼
3号住院楼
综合院区门诊医技停止使用
指挥保障中心出入口
生活废弃物暂存
医疗废弃物暂存
2号住院楼
污物出口
1号住院楼
能源中心
核酸实验楼
理化实验楼
病毒实验楼
西安市疾控中心
定点医院主出入口1
登陆厅
定点医院
发热门诊主出入口
发热门诊
疾控中心主入口
发热患者流线
患者流线
患者出院流线
患者使用医技流线
医护流线
疾控中心人员流线
N

物流分析图

急时模式

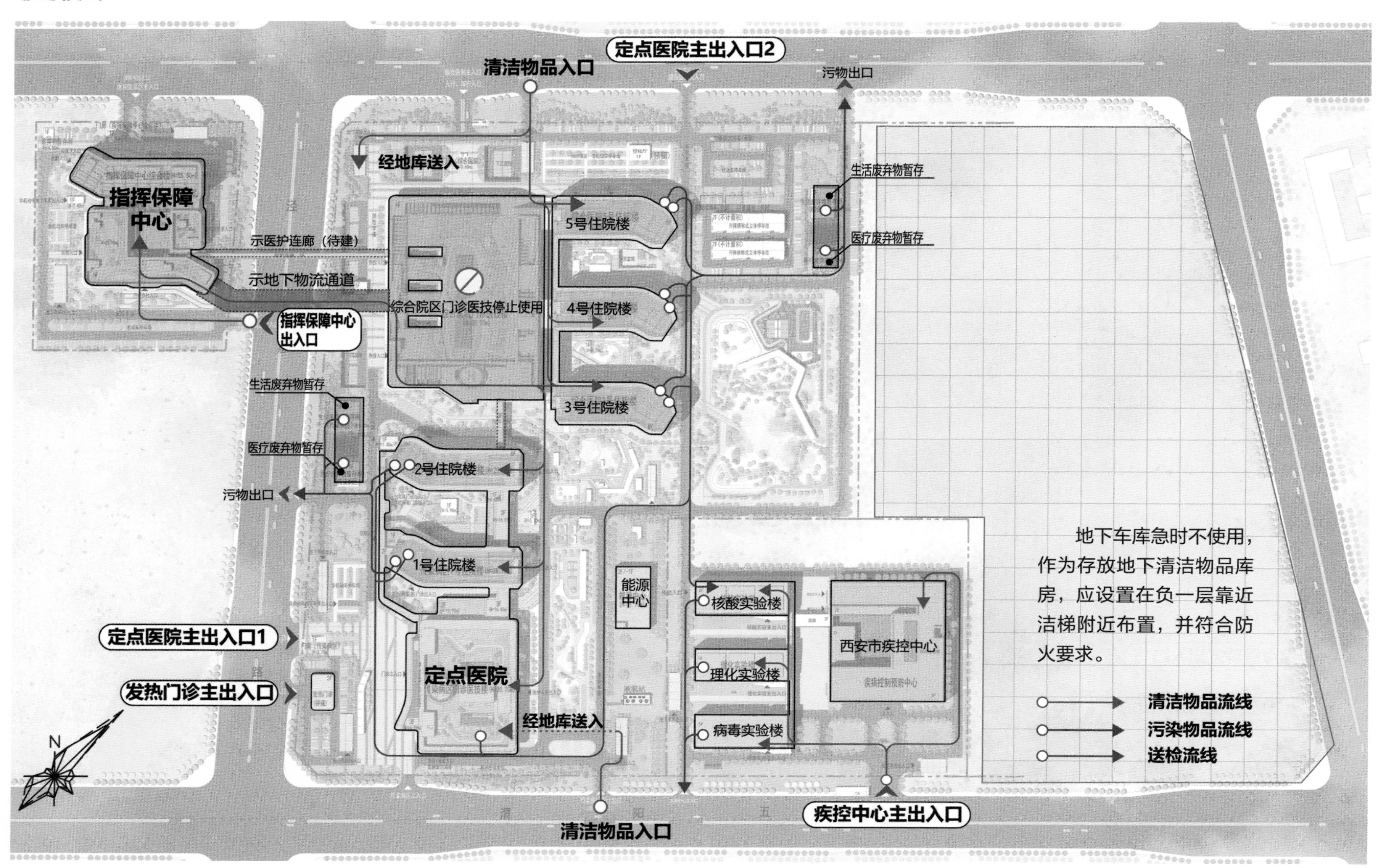
定点医院主出入口2
清洁物品入口
污物出口
经地库送入
生活废弃物暂存
医疗废弃物暂存
指挥保障中心
5号住院楼
示医护连廊（待建）
示地下物流通道
综合院区门诊医技停止使用
4号住院楼
指挥保障中心出入口
3号住院楼
生活废弃物暂存
医疗废弃物暂存
2号住院楼
污物出口
1号住院楼
能源中心
核酸实验楼
西安市疾控中心
定点医院主出入口1
理化实验楼
定点医院
发热门诊主出入口
经地库送入
病毒实验楼
清洁物品入口
疾控中心主出入口
地下车库急时不使用，作为存放地下清洁物品库房，应设置在负一层靠近洁梯附近布置，并符合防火要求。
清洁物品流线
污染物品流线
送检流线

远期功能分区图

急时模式

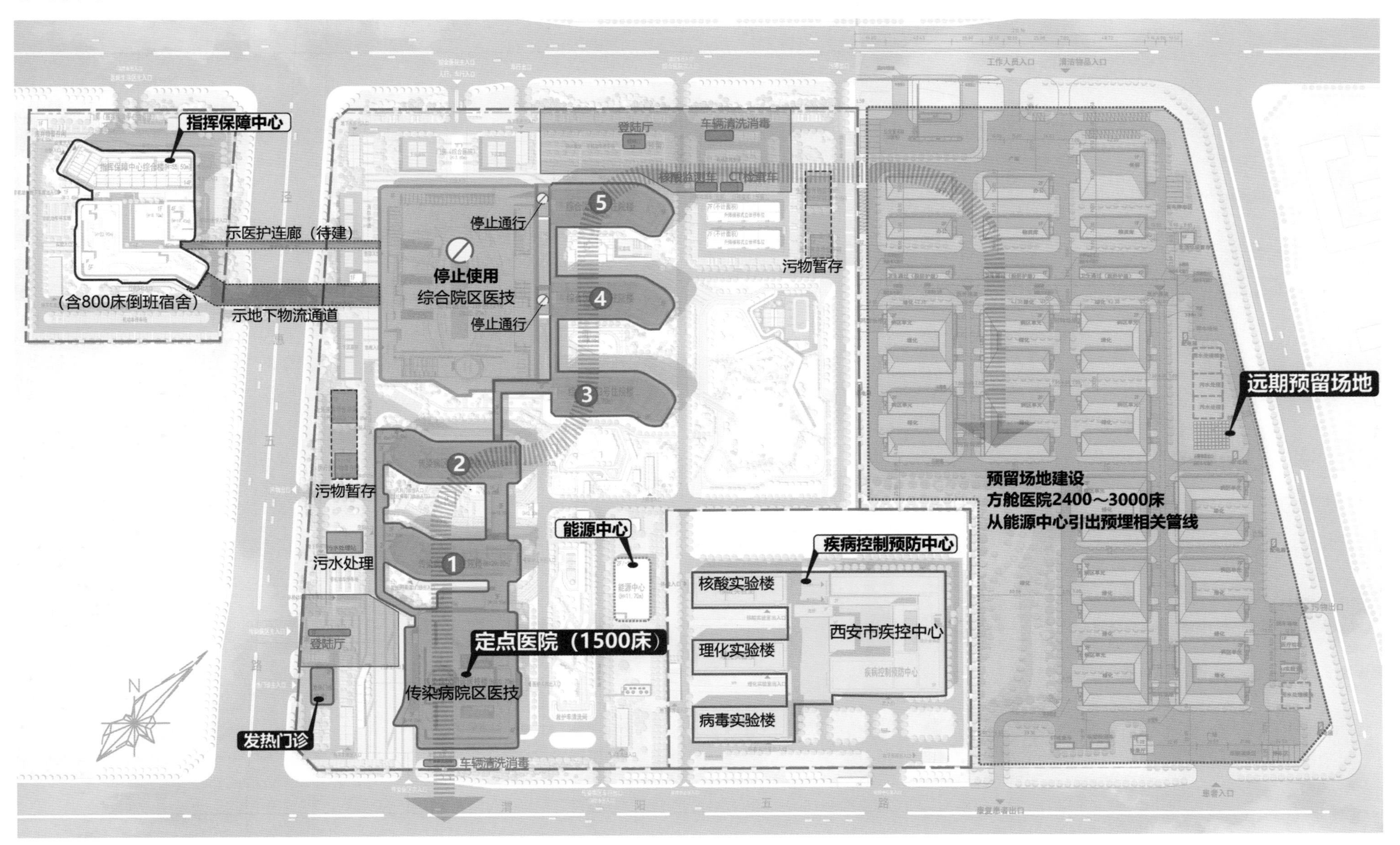

项目远期急时为 **1500 床**定点医院和 **2400～3000 床**方舱医院。

综合院区给水排水系统转换设计示意图

平时 / 急时模式

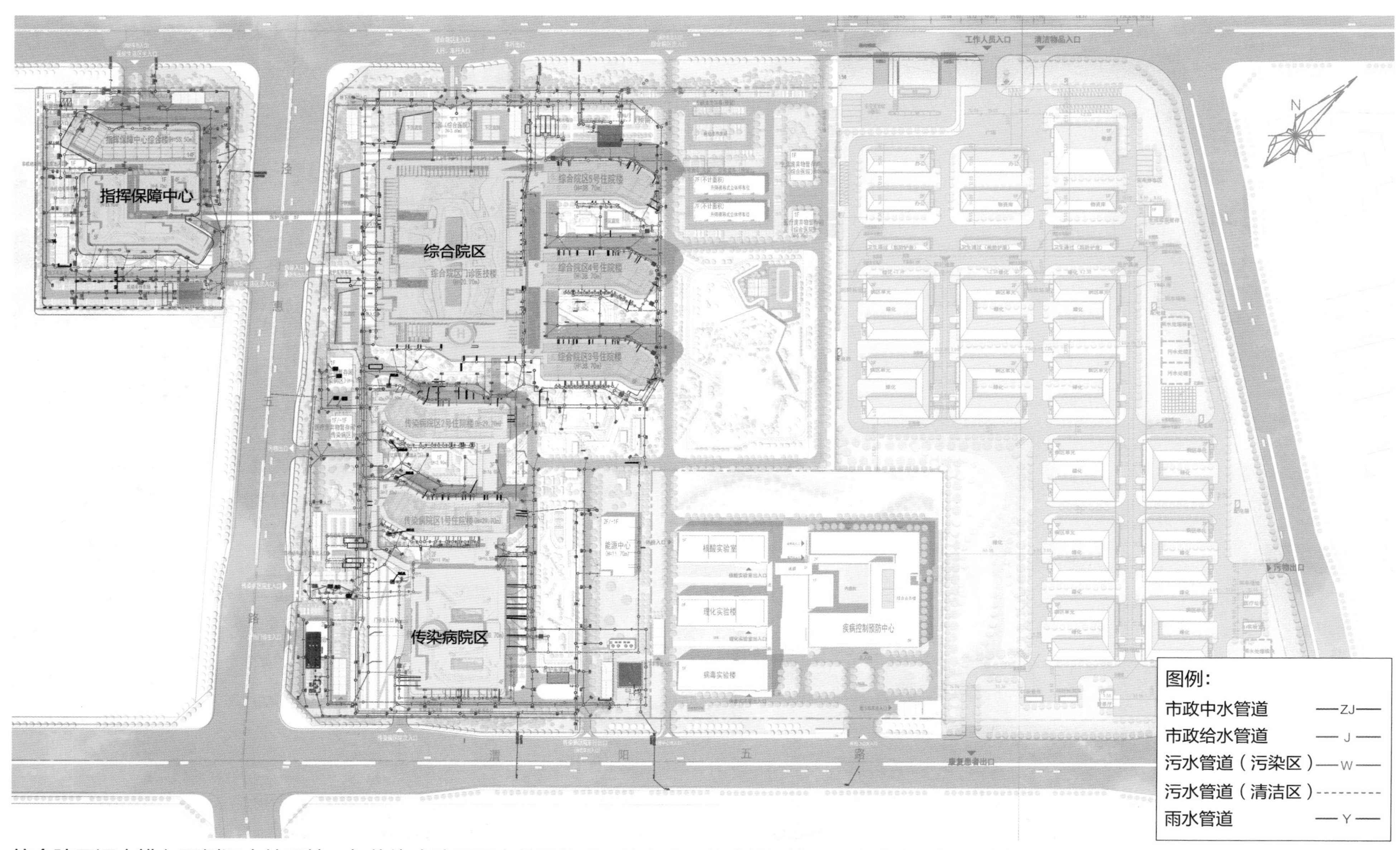

综合院区污水排入西侧污水处理站，与传染病院区污水共同处理。综合院区住院楼污染区污水消毒设施**平时安装到位**，**急时开始启用**。

医用气体转换示意图

急时模式

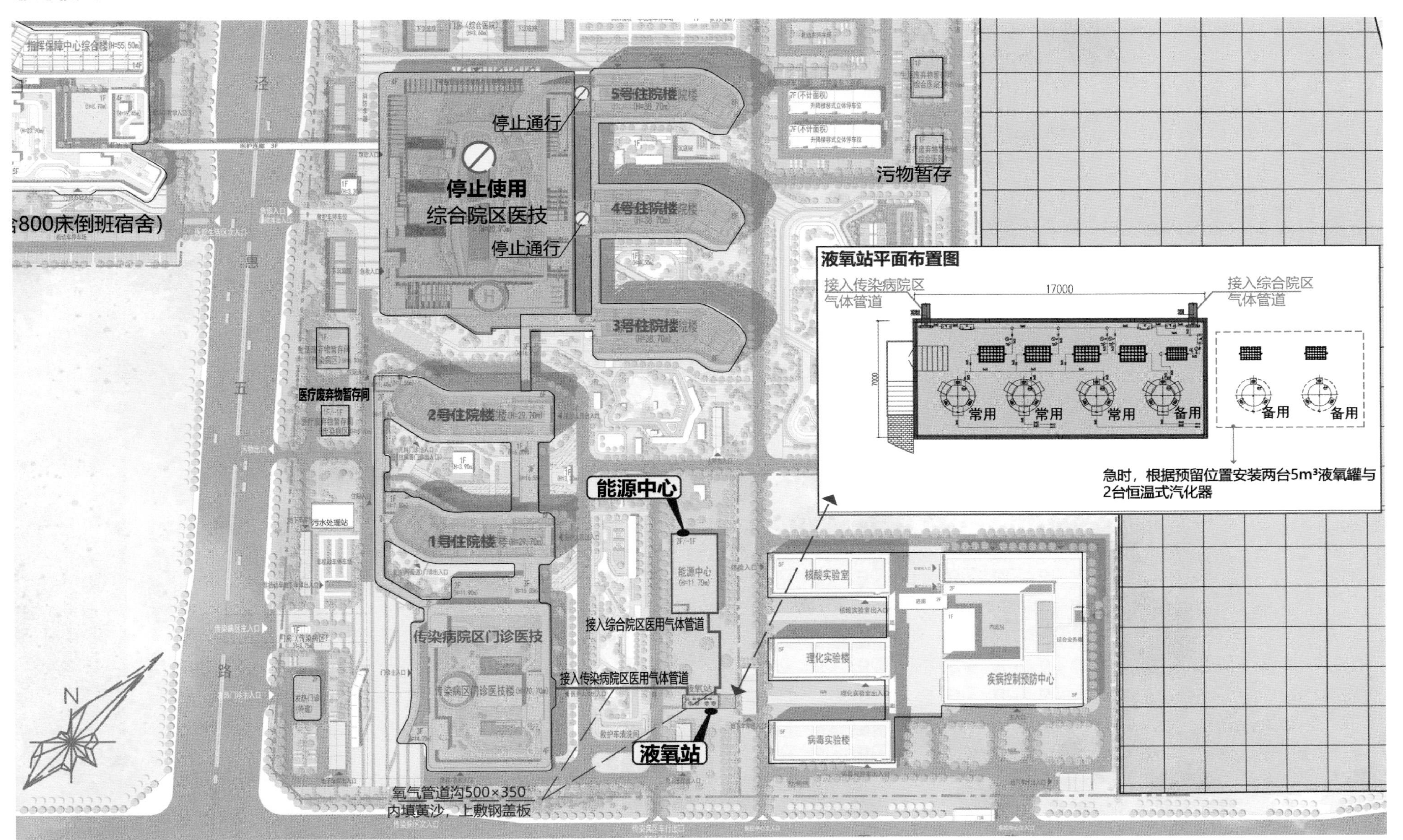

液氧站预留备用液氧罐与液氧罐安装位置，急时启动备用液氧罐，并安装新增液氧罐以增加氧气输送量。

电气系统示意图

平时模式

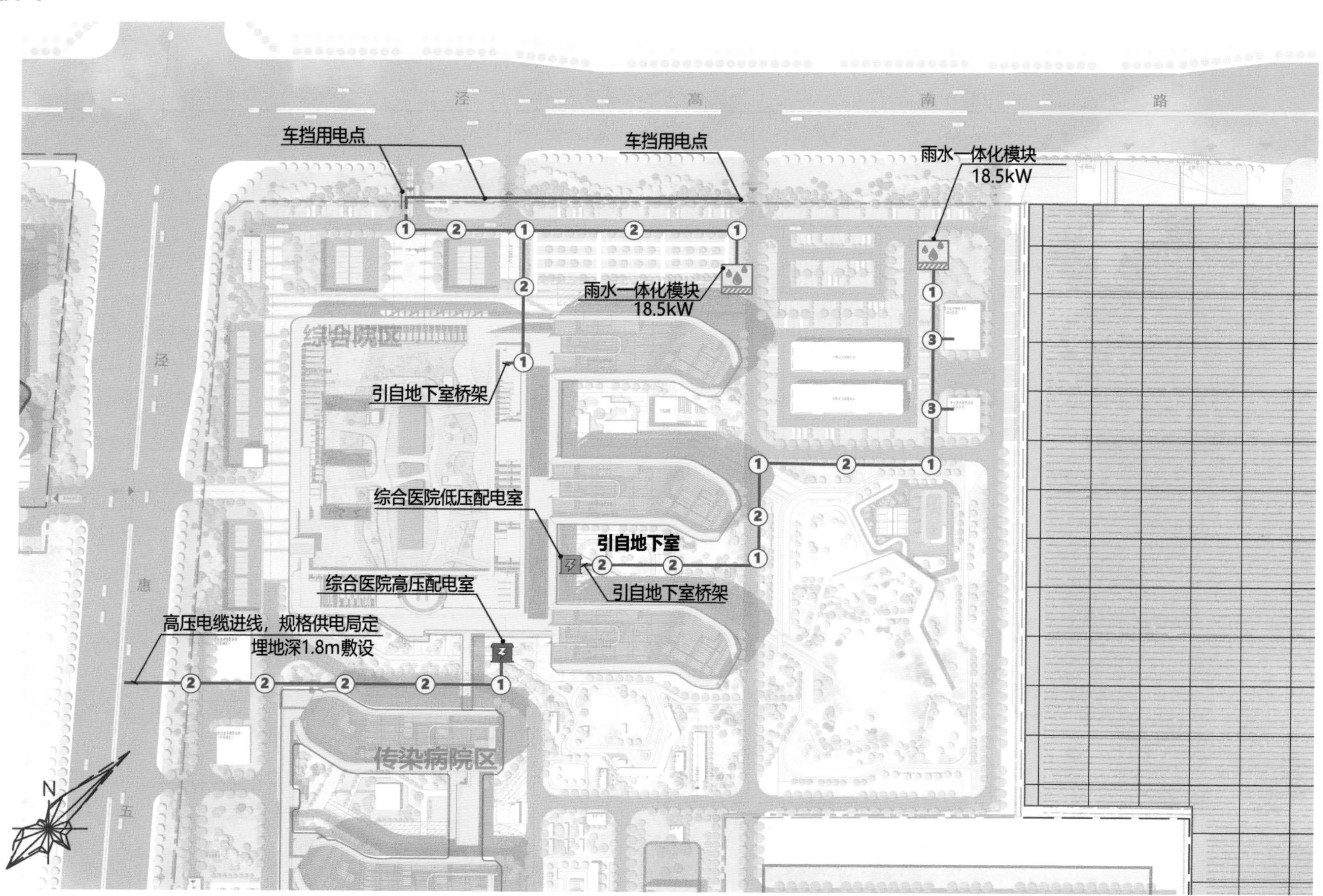

电气系统转换示意图

急时模式

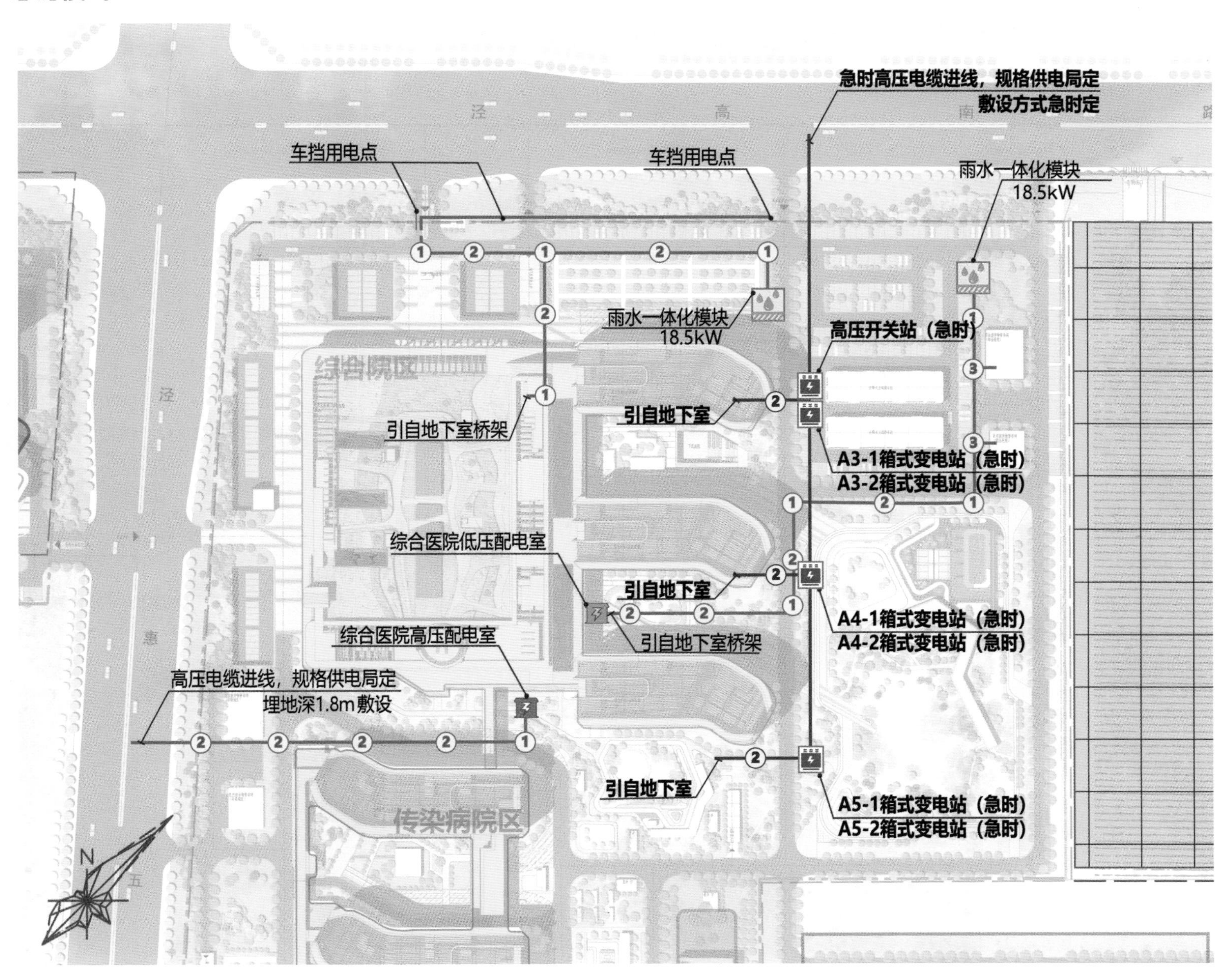

综合院区内预留有急时使用的设备安装位置。急时，综合院区相关设备安装到位，供电需求随之增高，需引入新的线路以保证转换后医院的重要医疗设备正常运行。

INFECTIOUS DISEASE WARD FOR BOTH PEACETIME AND EMERGENCY TIME USE

传染病院区平急两用

非呼吸道传染病负压病区平面图

平时模式

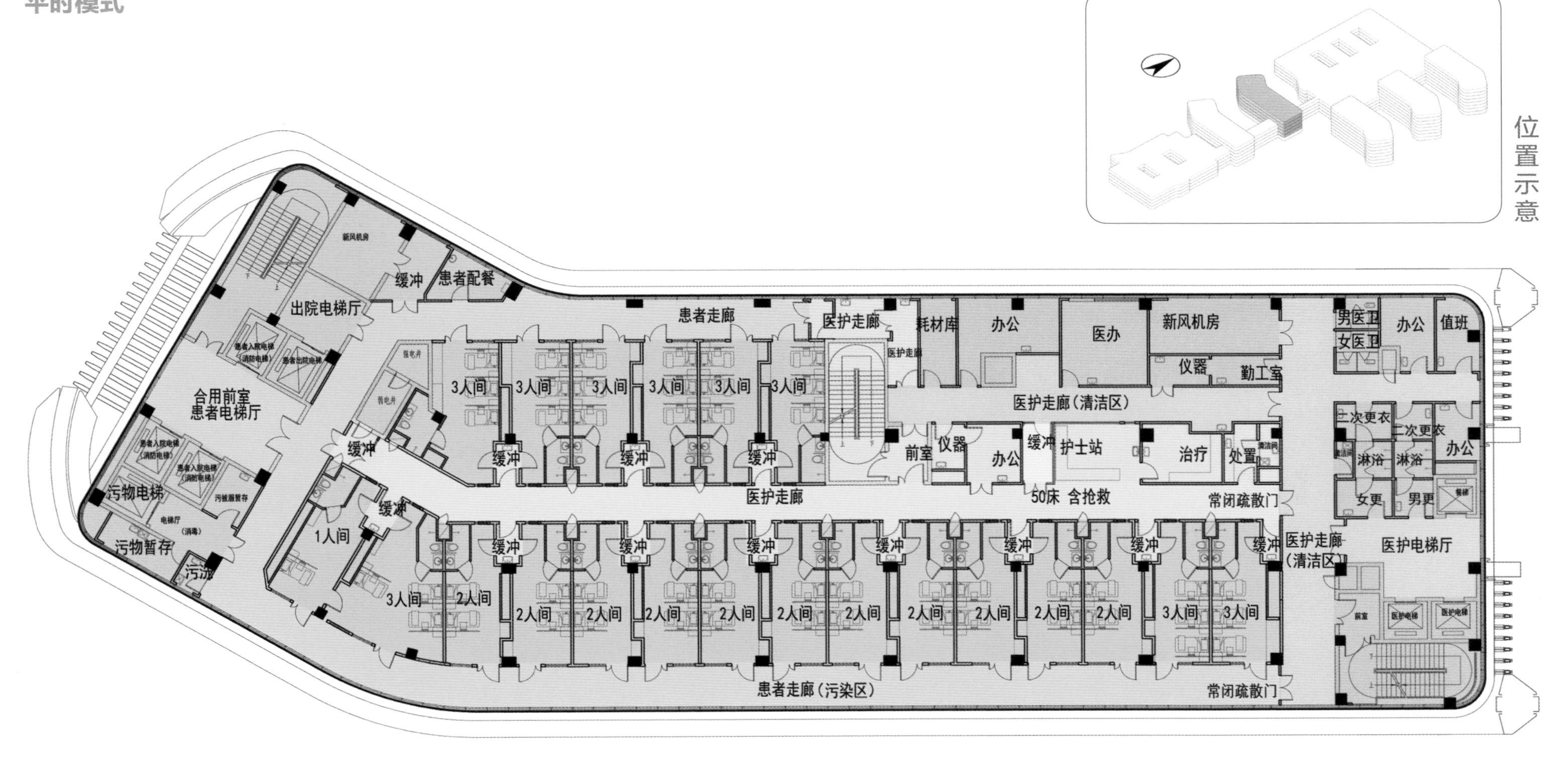

此平面为平时情况下的 2 号楼 2 ～ 6 层平面布置形式。

污染区　半污染区　清洁区　卫生通过

非呼吸道传染病负压病区流线分析

平时模式

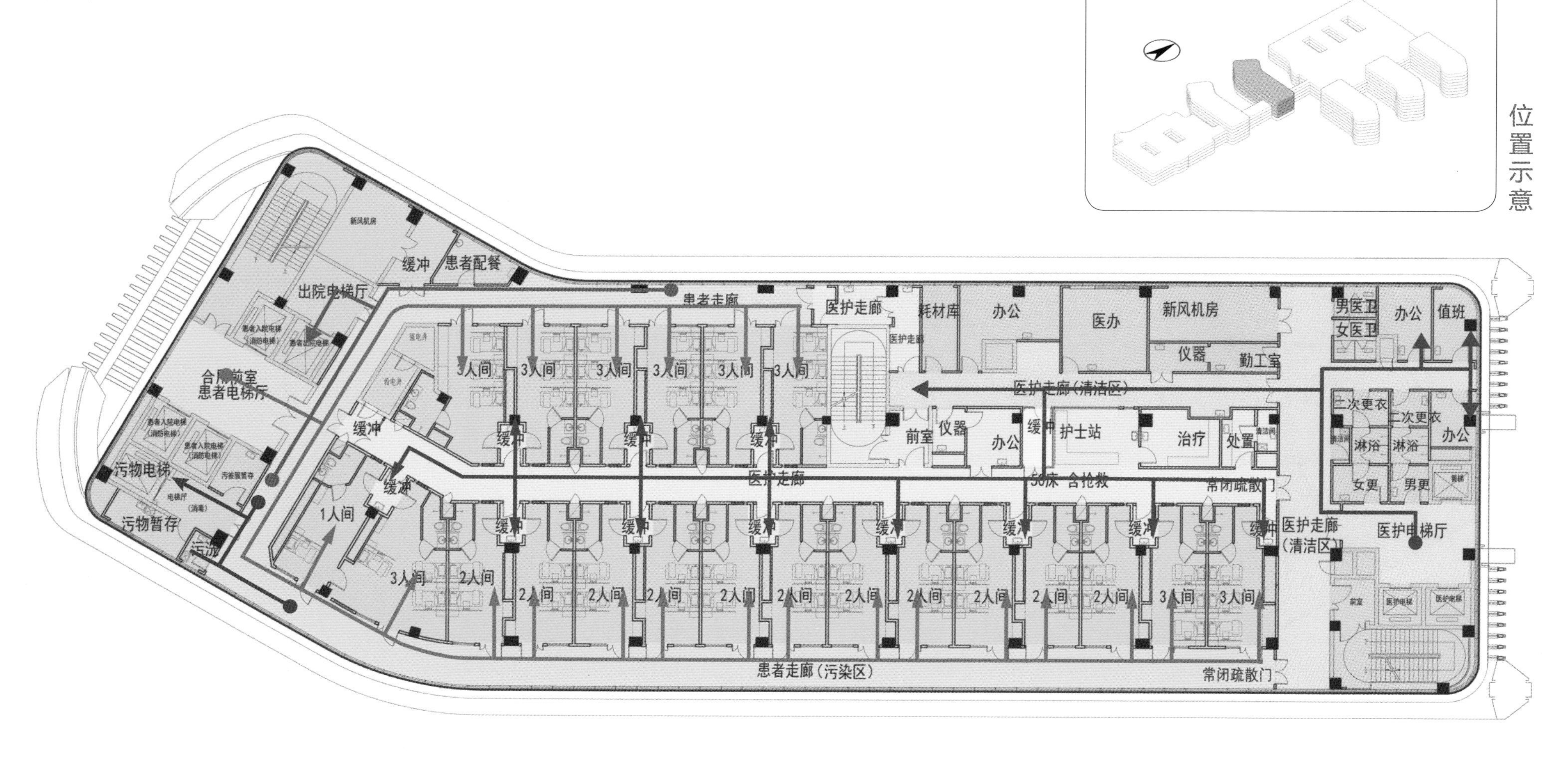

清洁区　　半污染区　　污染区

卫生通过　　患者入院流线　　医护进入流线

污物流线　　患者出院流线

呼吸道传染病负压病区平面图

平时模式

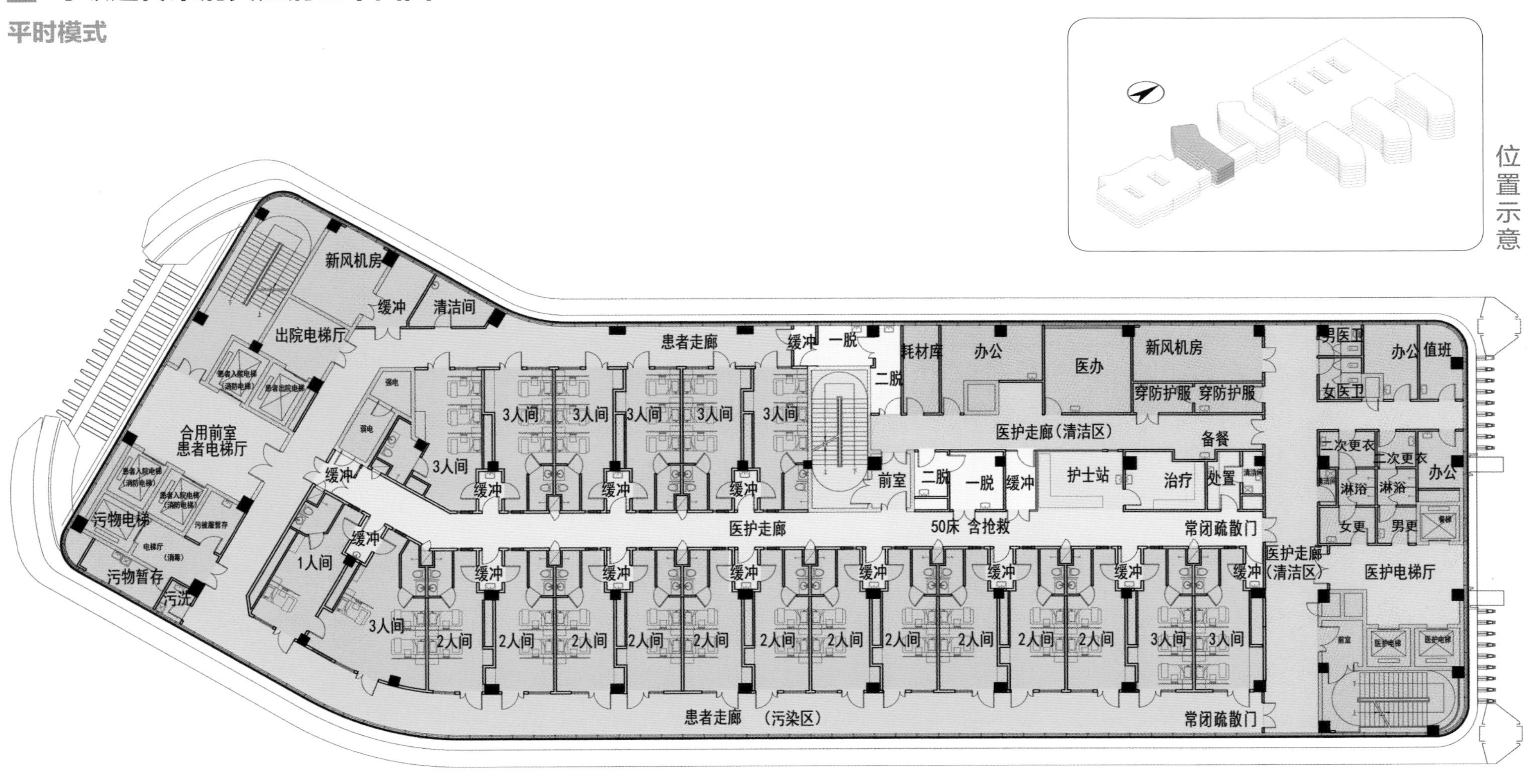

此平面为平时模式情况下1号楼2～6层布置形式。

清洁区　半污染区　污染区　卫生通过

呼吸道传染病负压病区流线分析

平时模式

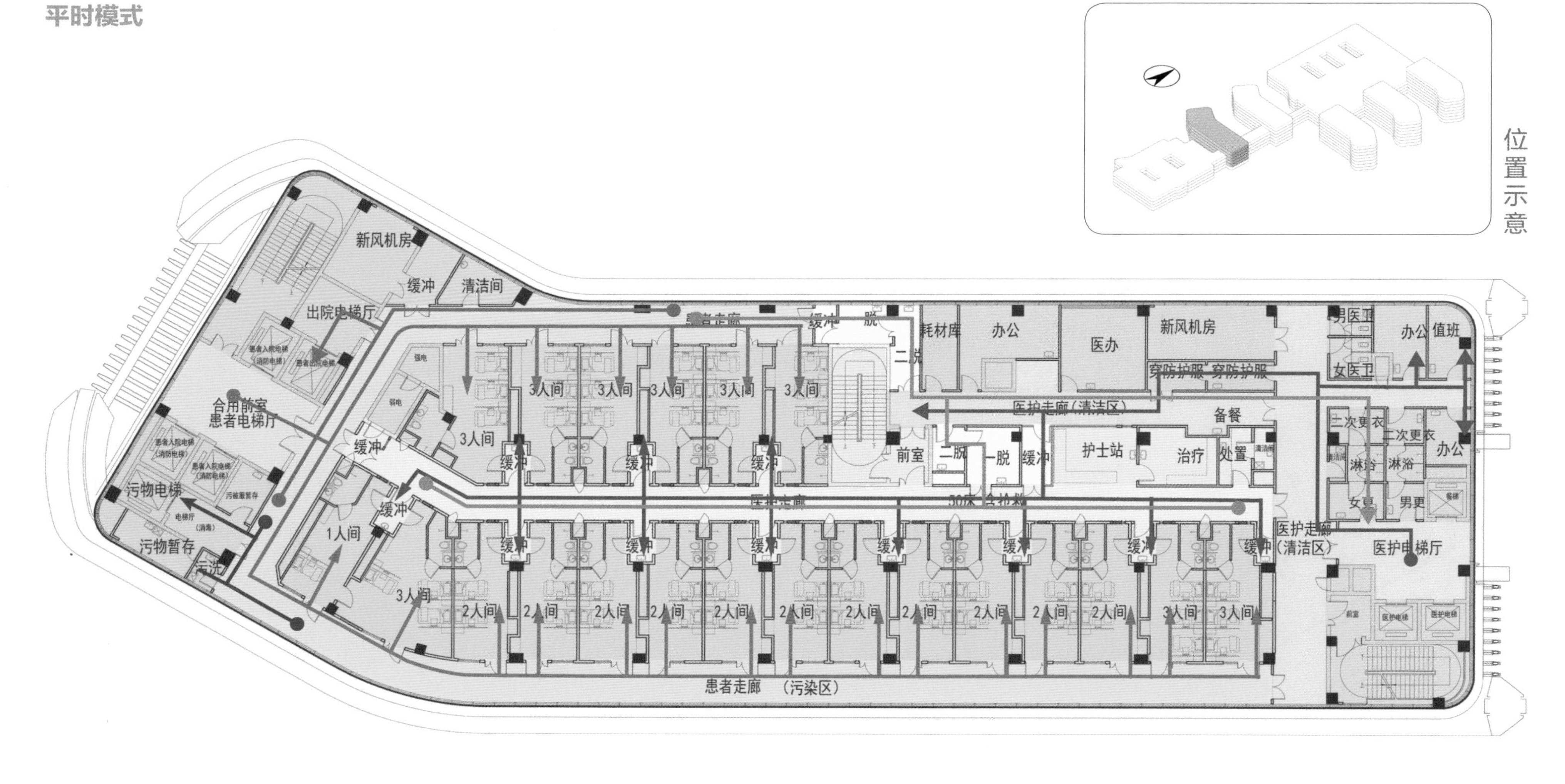

清洁区

半污染区

污染区

卫生通过

患者入院流线

医护进入流线

污物流线

患者出院流线

医护退出流线

病区急时转换图 1——非呼吸道传染病负压病区转换为呼吸道传染病负压病区

急时模式一

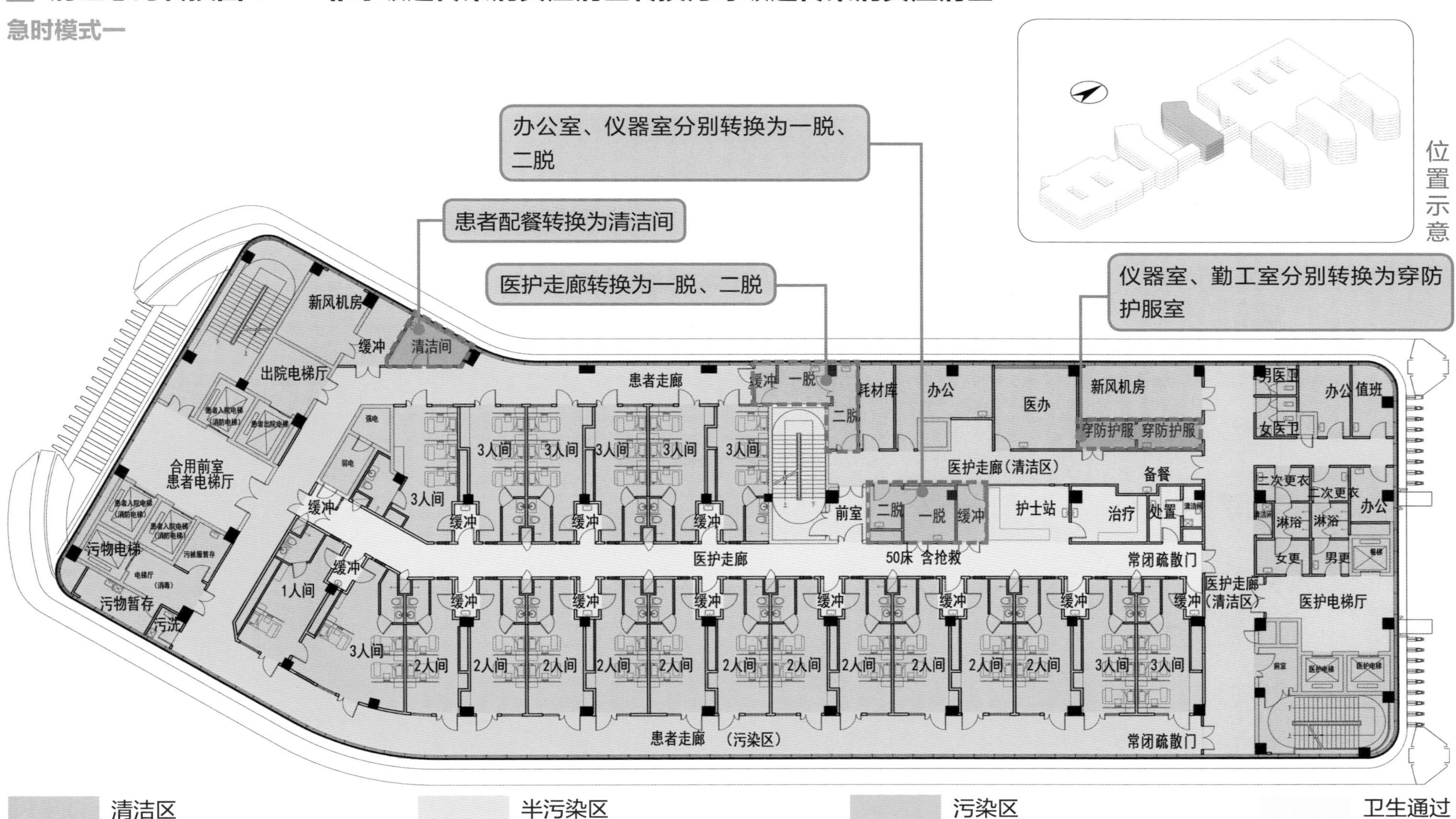

清洁区　半污染区　污染区　卫生通过

急时模式一病区转换分两步：

1. 第一步将平时非呼吸道传染病病区统一转换为呼吸道传染病病区，转换时，所有房间、门、墙体格局均不作修改，仅改变部分房间功能用途。转换区域为 2 号住院楼所有非呼吸道传染病病区。
2. 第二步在第一步的基础上将 1 号楼所有病区进一步转换为含 ICU 病床的病区，转换方式为病区急时转换图 2。

病区急时转换图 2——呼吸道传染病负压病区转换为呼吸道传染病负压病区（含 ICU）

急时模式一

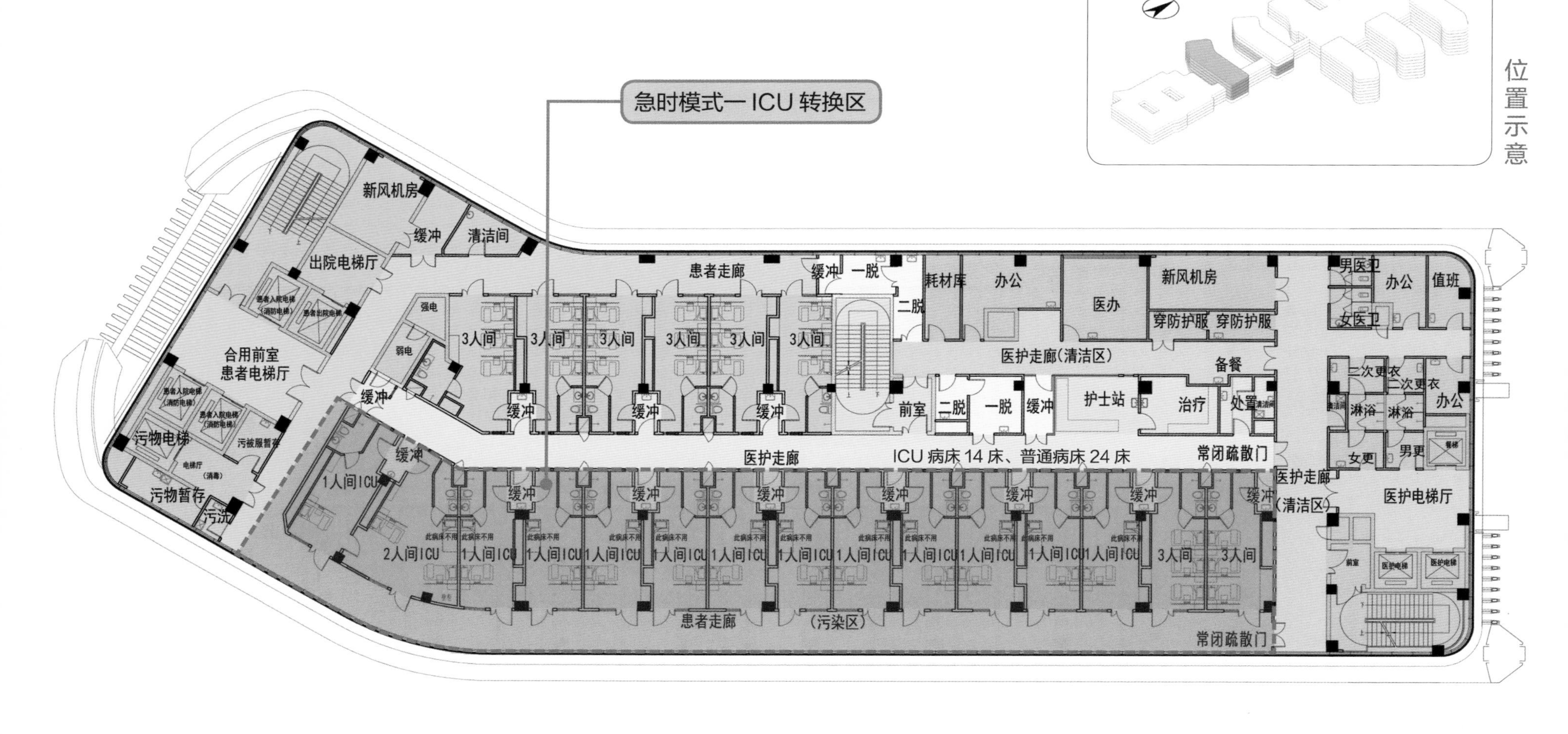

污染区　　半污染区　　清洁区　　卫生通过

急时模式一病区转换第二步，转换方式为：将 ICU 病房内病床按 ICU 标准设置，ICU 病床配备落地式固定吊塔，将 ICU 病房其余普通病床移至病房靠墙区域不使用。转换区域为：1 号住院楼所有病区、2 号住院楼 2 ～ 4 层共计 8 个病区。

病区急时转换图 3——呼吸道传染病负压病区（含 ICU）转换为呼吸道传染病负压病区（ICU 扩展）

急时模式二

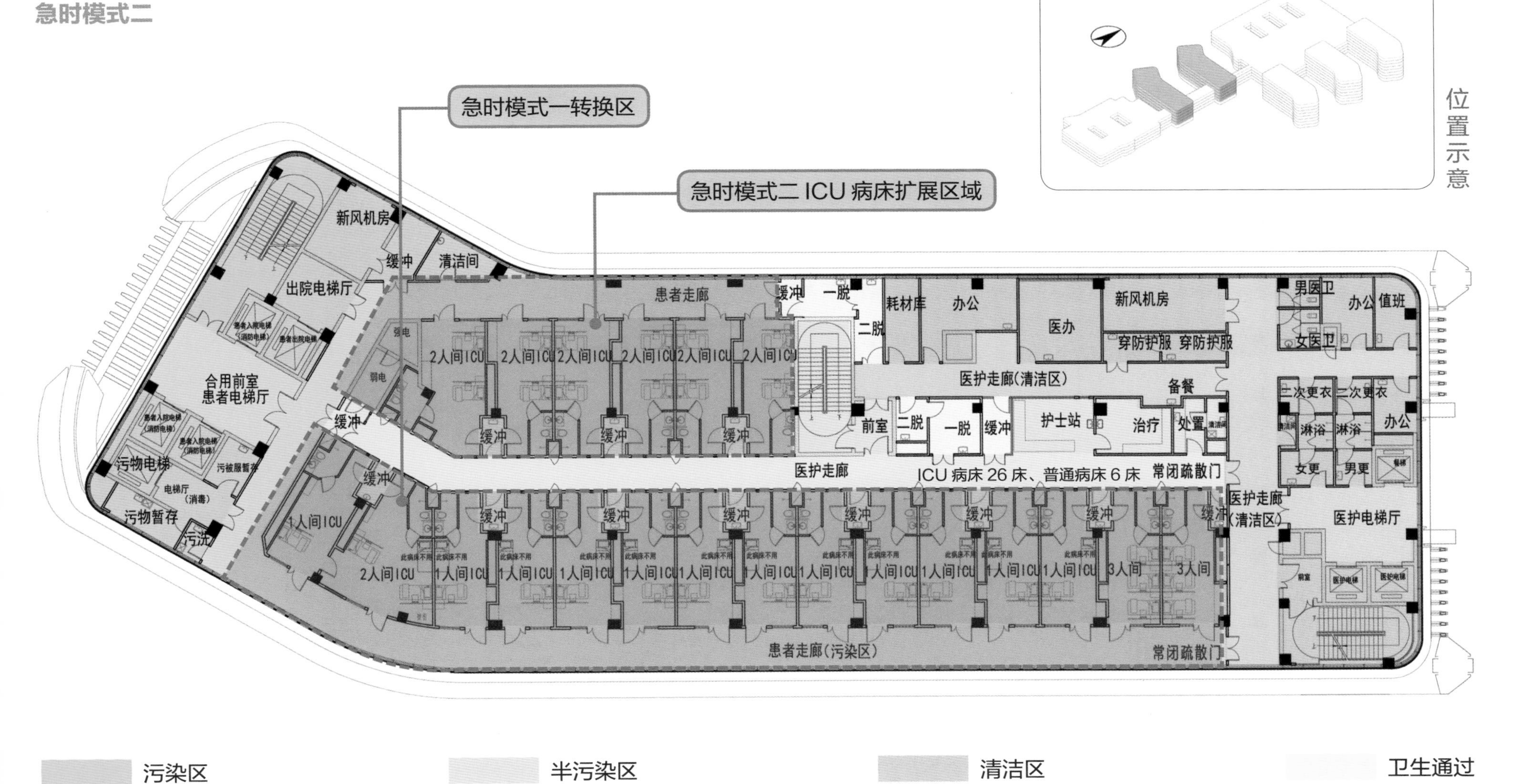

急时模式二转换方式为：在急时模式一呼吸道传染病负压病区（含 ICU）的基础上将病区北侧 6 间三人病房均转换为两人 ICU 病房，此部分 ICU 病床按应急条件设置，病床配备落地式固定吊塔。转换区域为 1 号住院楼、2 号住院楼所有病区。

影像中心平时平面图

平时模式

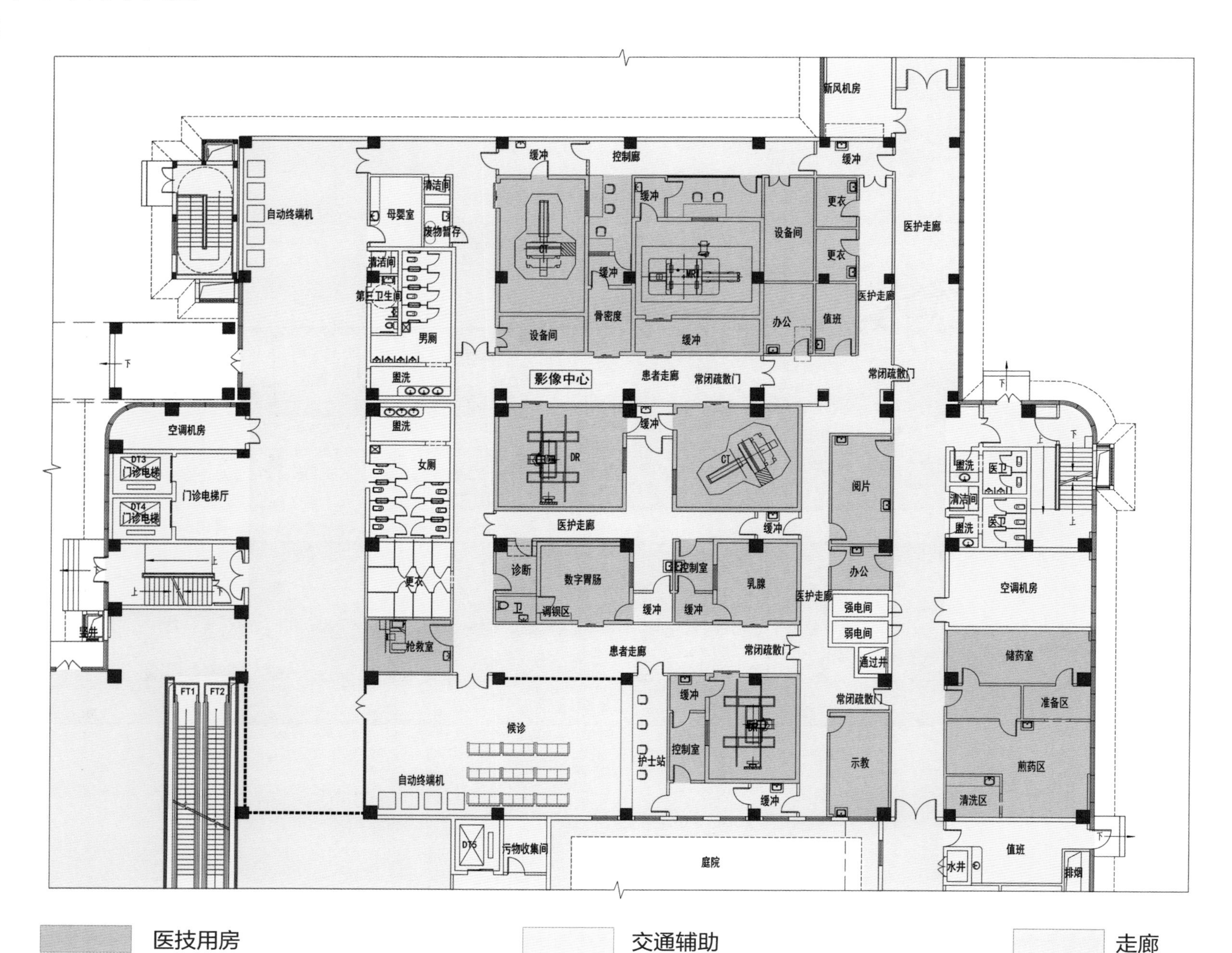

医技用房　交通辅助　走廊

影像中心急时转换图

急时模式

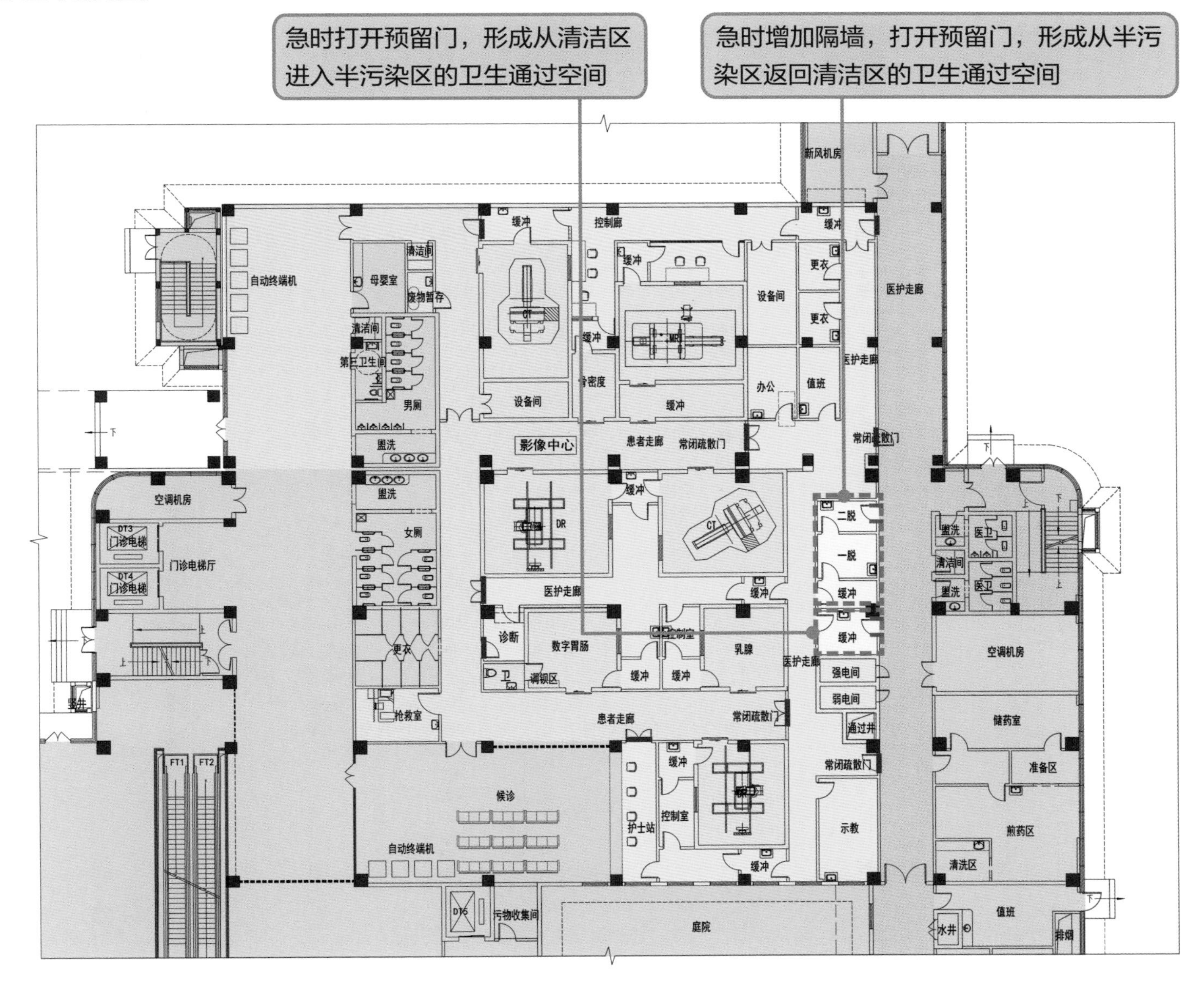

清洁区　半污染区　污染区　卫生通过　封闭停用区

关闭的平时门　打开的预留门

影像中心急时流线图

急时模式

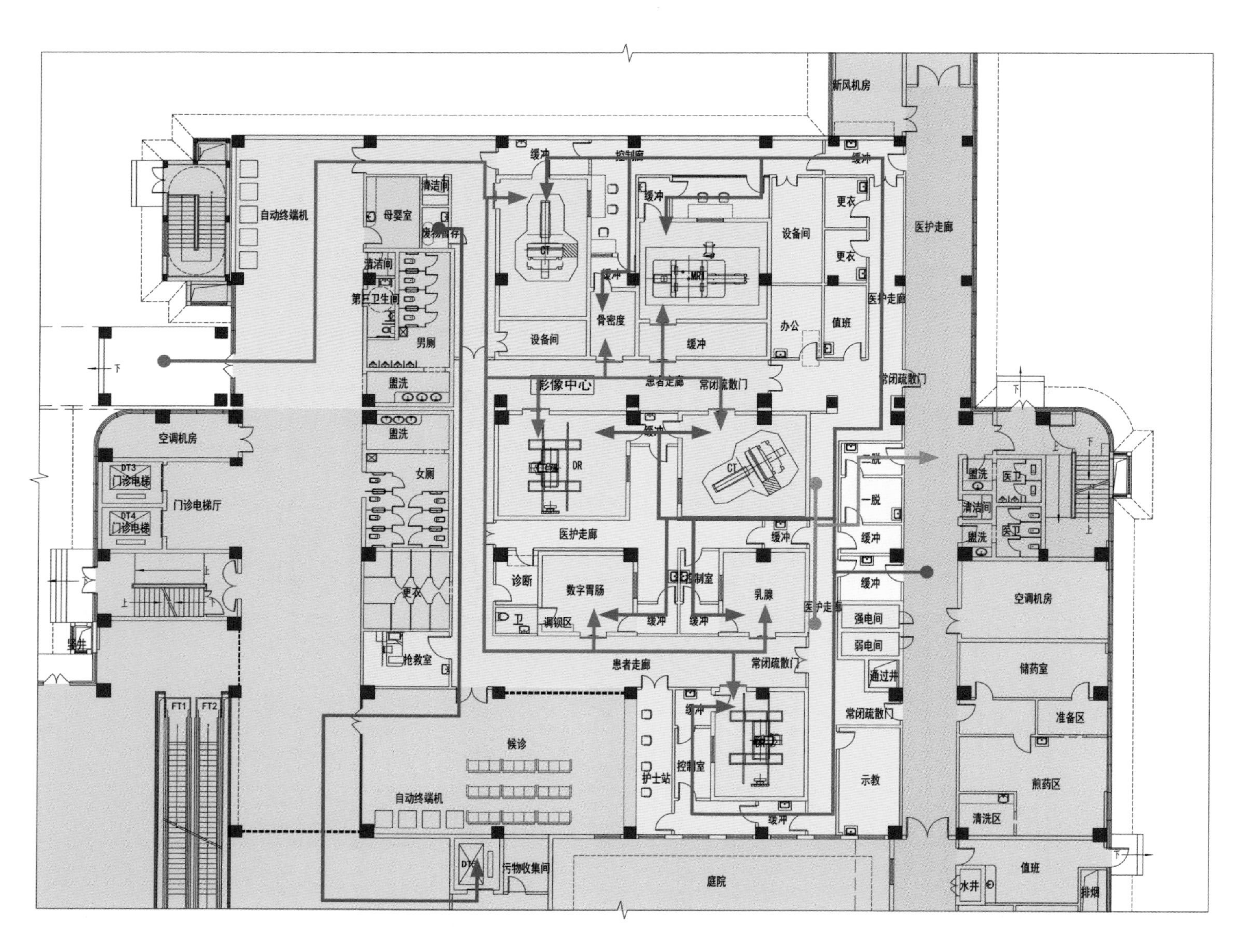

清洁区　半污染区　污染区　卫生通过　封闭停用区

医护进入流线　医护退回流线　污物流线　患者流线

ICU 平时平面图

平时模式

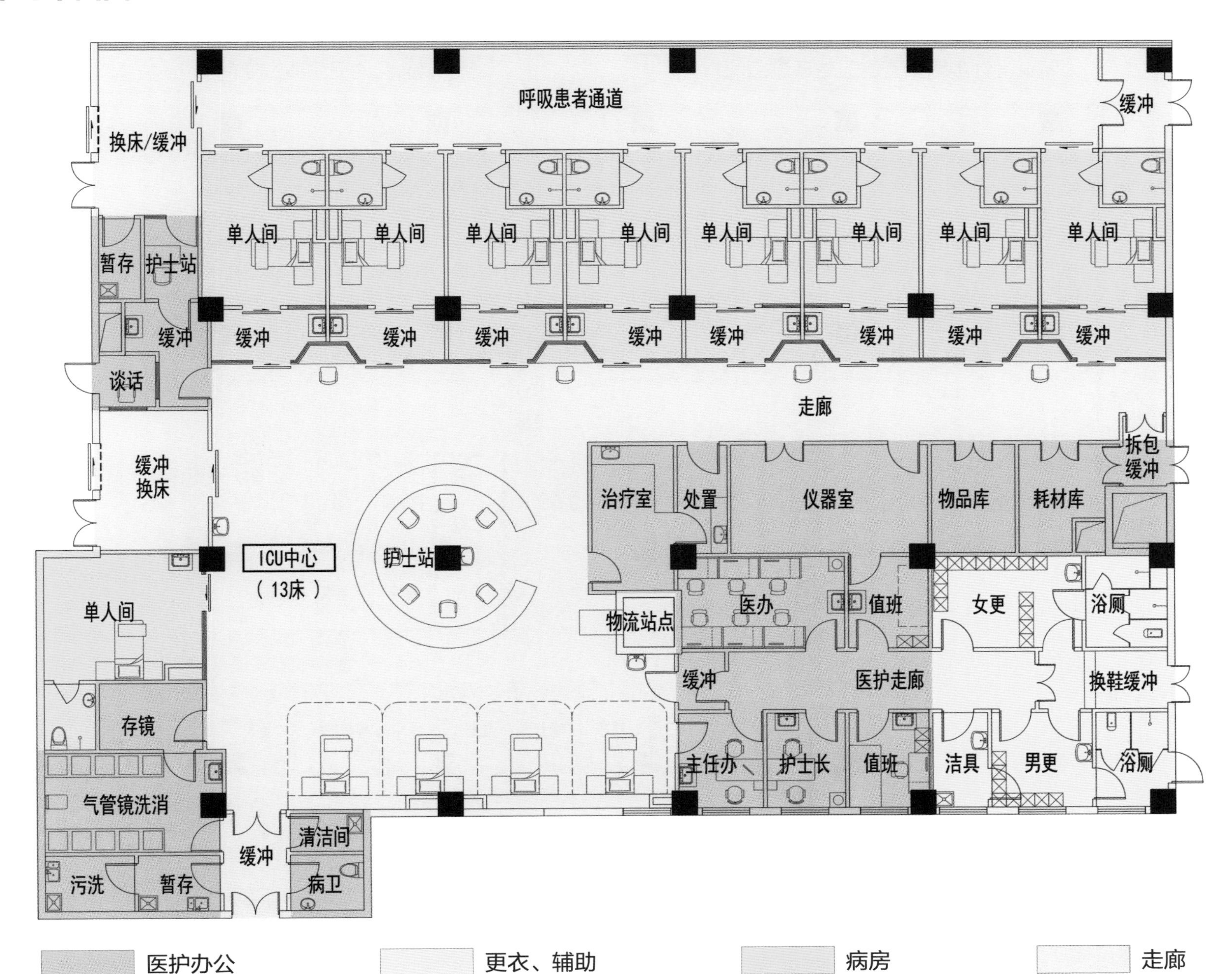

ICU 急时转换图

急时模式

急时新增隔墙、打开预留门，形成从污染区到半污染区的卫生通过空间

急时新增隔墙，形成从半污染区到清洁区的卫生通过空间

呼吸患者通道
缓冲
换床/缓冲
单人间
暂存
护士站
谈话
走廊
换床缓冲
ICU中心（13床）
护士站
治疗室
处置
仪器室
一脱
二脱
物品库
耗材库
拆包缓冲
医办
物流站点
更衣
浴厕
存镜
气管镜洗消
污洗
清洁间
病卫
污梯
护士长
值班
穿防护服

急时打开预留门，形成从半污染区到污染区的缓冲空间

急时打开预留门，形成从清洁区到半污染区的卫生通过空间

清洁区
半污染区
污染区
卫生通过
关闭的平时门
打开的预留门

ICU 急时流线图

急时模式

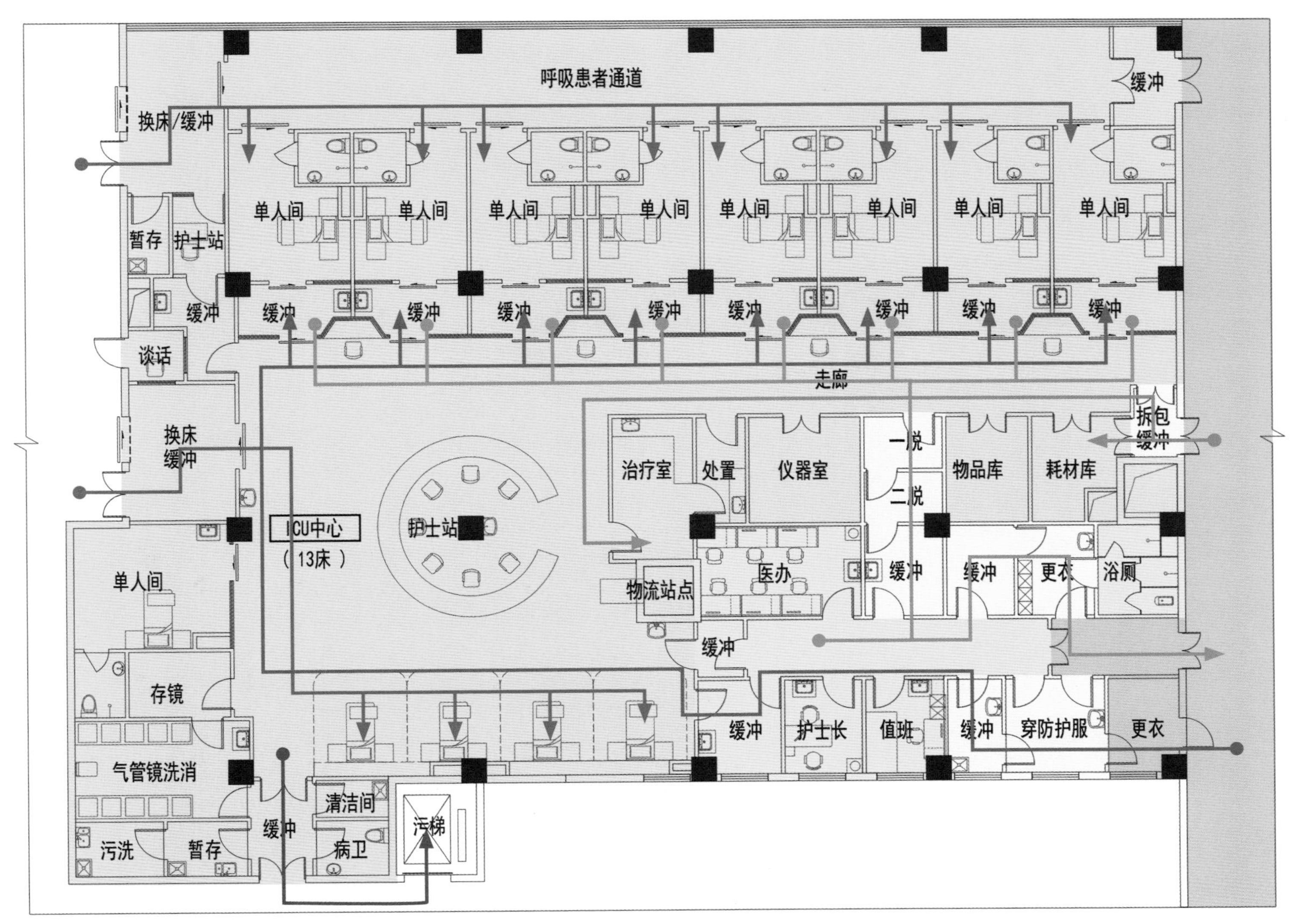

清洁区　半污染区　污染区　卫生通过

医护进入流线　医护退出流线　患者流线　洁净物资流线

污物流线

透析中心平时平面图

平时模式

透析中心急时转换图

急时模式

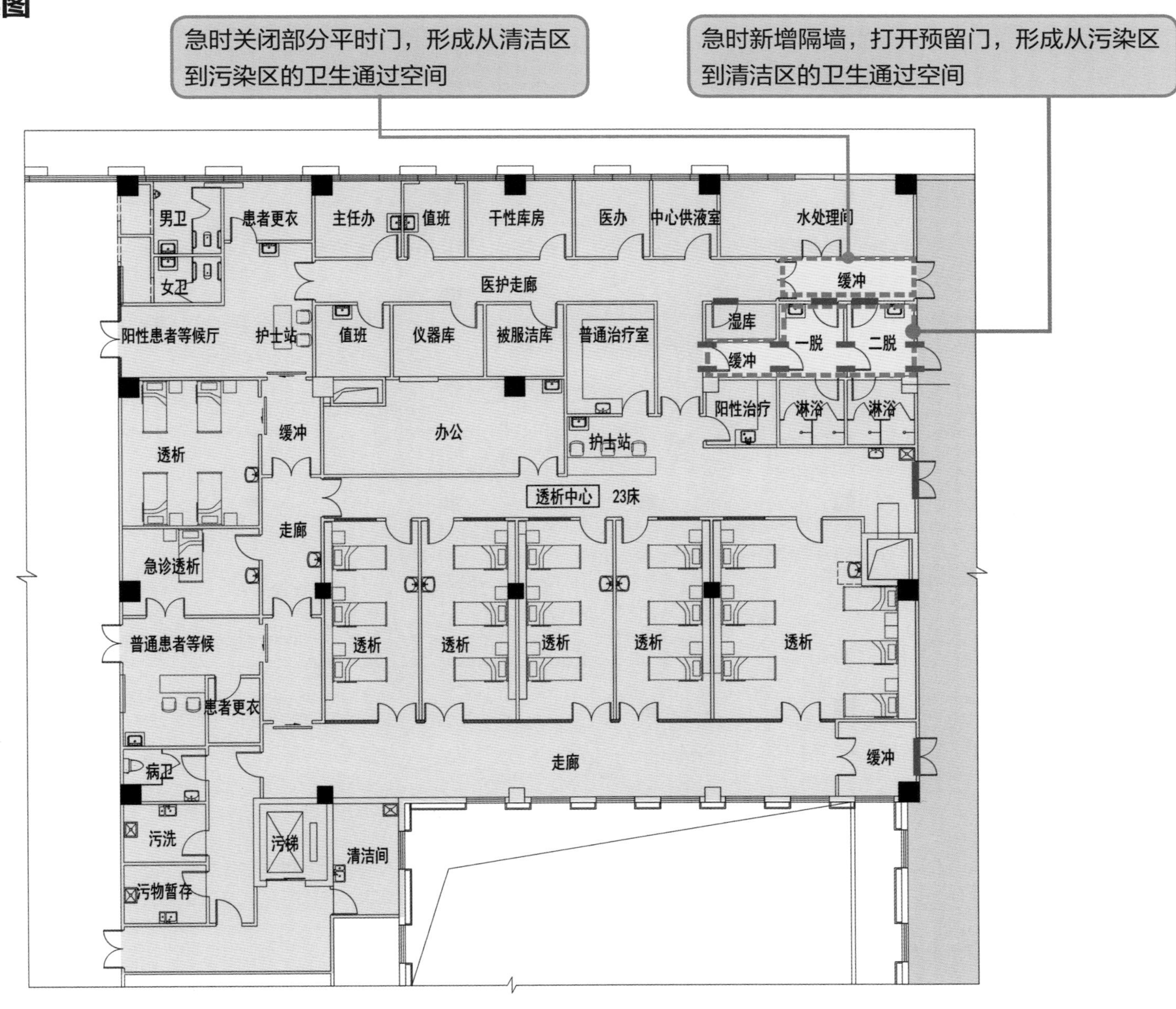

清洁区　卫生通过　污染区　关闭的平时门　打开的预留门

透析中心急时流线图

急时模式

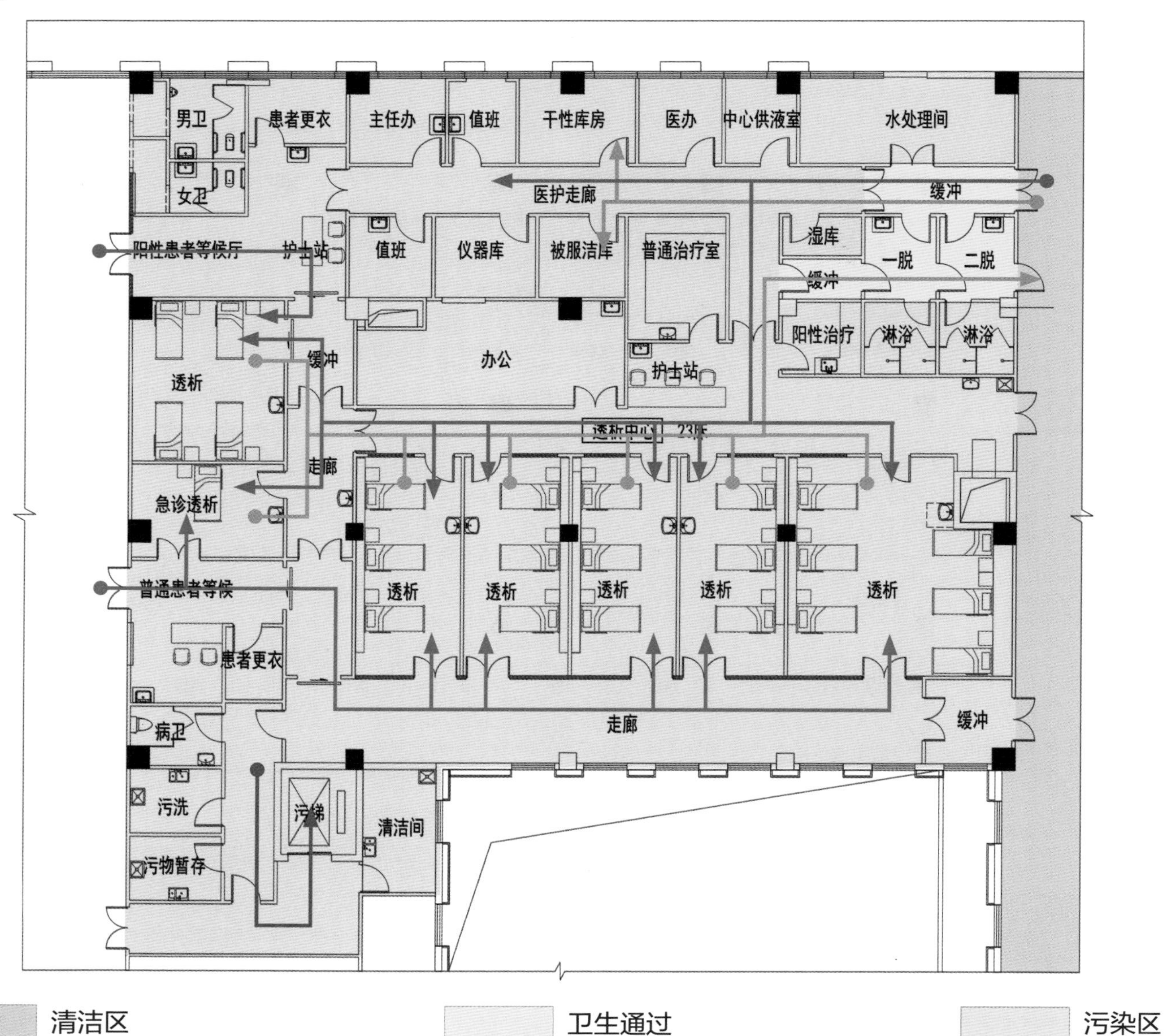

清洁区　卫生通过　污染区

医护进入流线　医护退回流线　患者流线

洁净物资流线　污物流线

病区给水系统图

平时 / 急时模式（一键转换）

传染病院区给水排水管道、消防设施平时已安装到位，急时需将局部卫生洁具安装到位即可，需增加洁具区域见建筑转换平面。

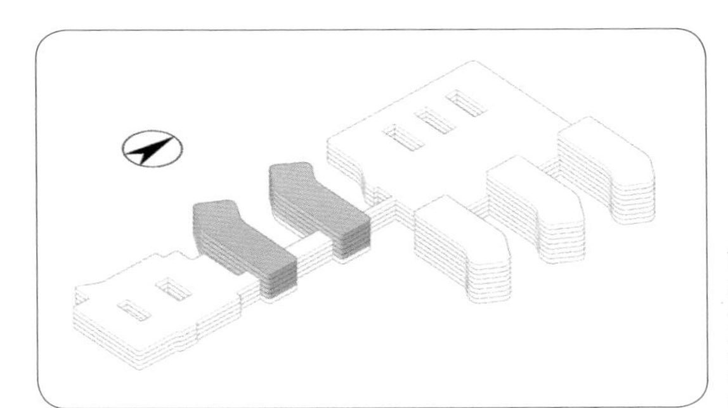
位置示意

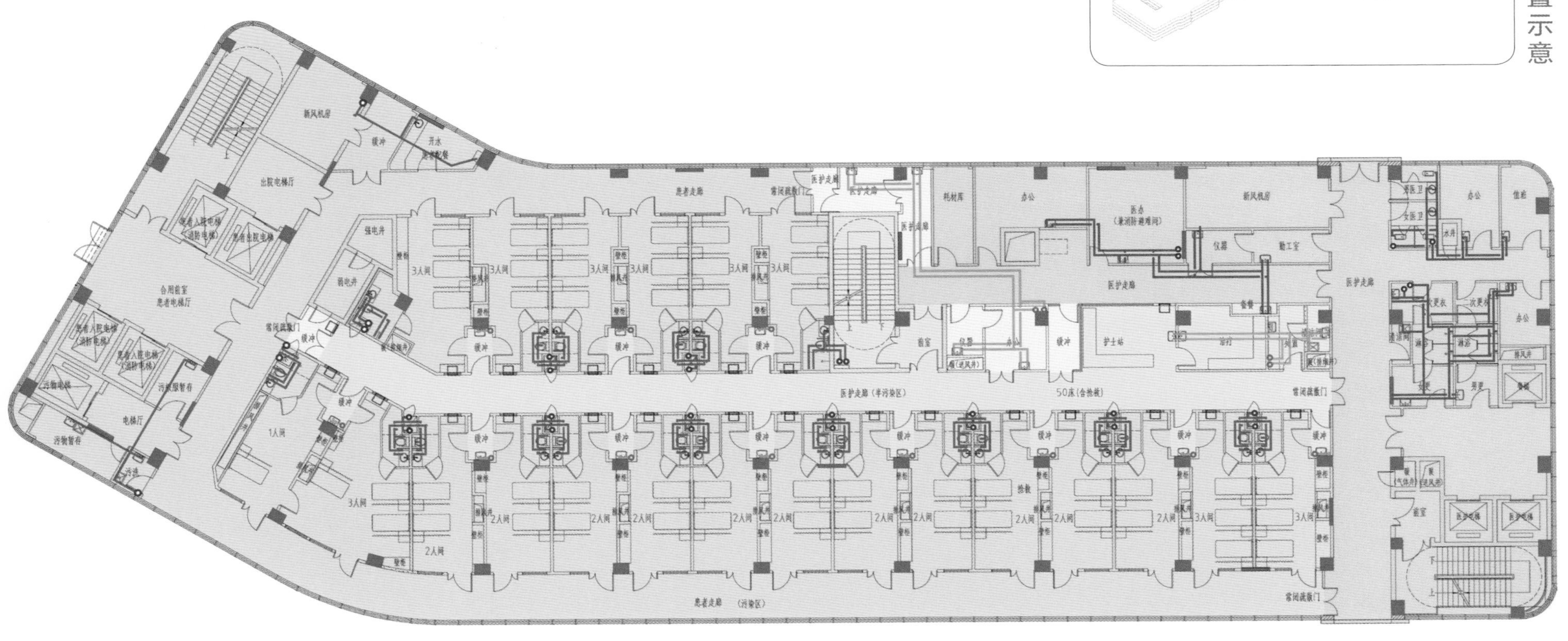

清洁区　　半污染区　　污染区　　卫生通过

清洁区给水管　　半污染区给水管　　污染区给水管

清洁区竖向给水管　　半污染区竖向给水管　　污染区竖向给水管

病区排水系统图

平时 / 急时模式（一键转换）

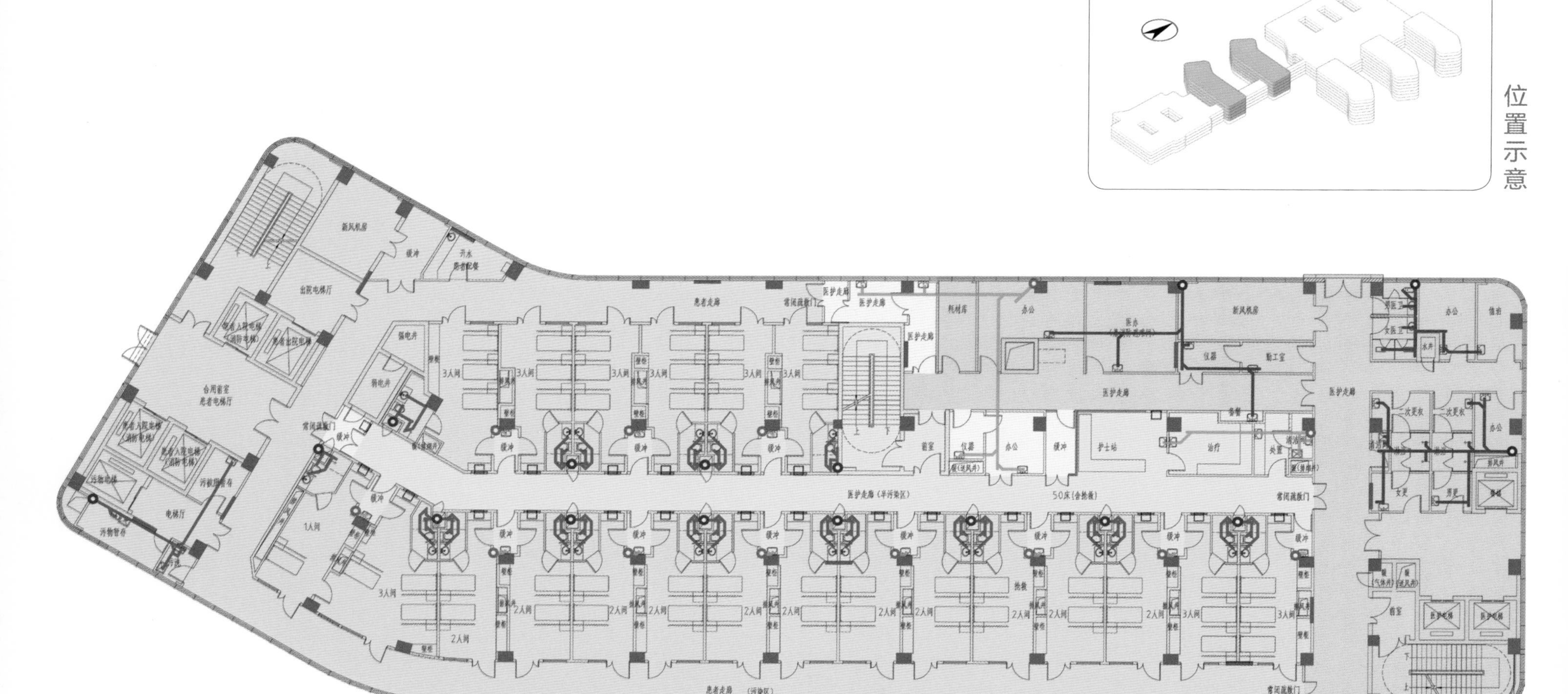

清洁区　半污染区　污染区　卫生通过

清洁区污水管　半污染区污水管　污染区污水管

清洁区竖向污水管　半污染区竖向污水管　污染区竖向污水管

病区新风系统图

平时 / 急时模式（一键转换）

传染病院区暖通、电气设备及管线直接安装到位，可一键转换。

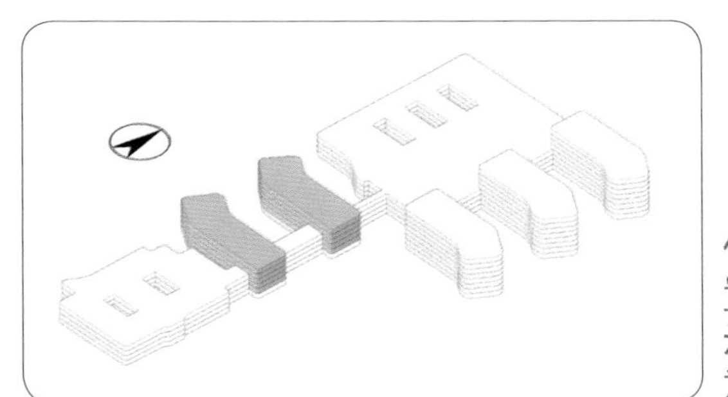

位置示意

清洁区
清洁区新风管道
清洁区送风机
半污染区
半污染区新风管道
半污染区送风机
污染区
污染区新风管道
污染区送风机
卫生通过

病区排风系统图

平时 / 急时模式（一键转换）

传染病院区暖通、电气设备及管线直接安装到位，可一键转换。

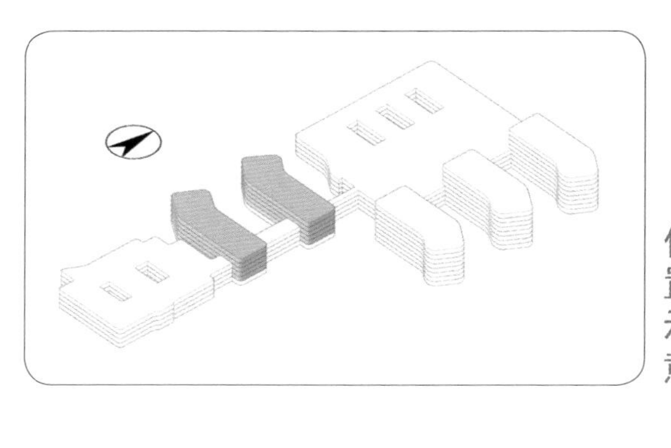

位置示意

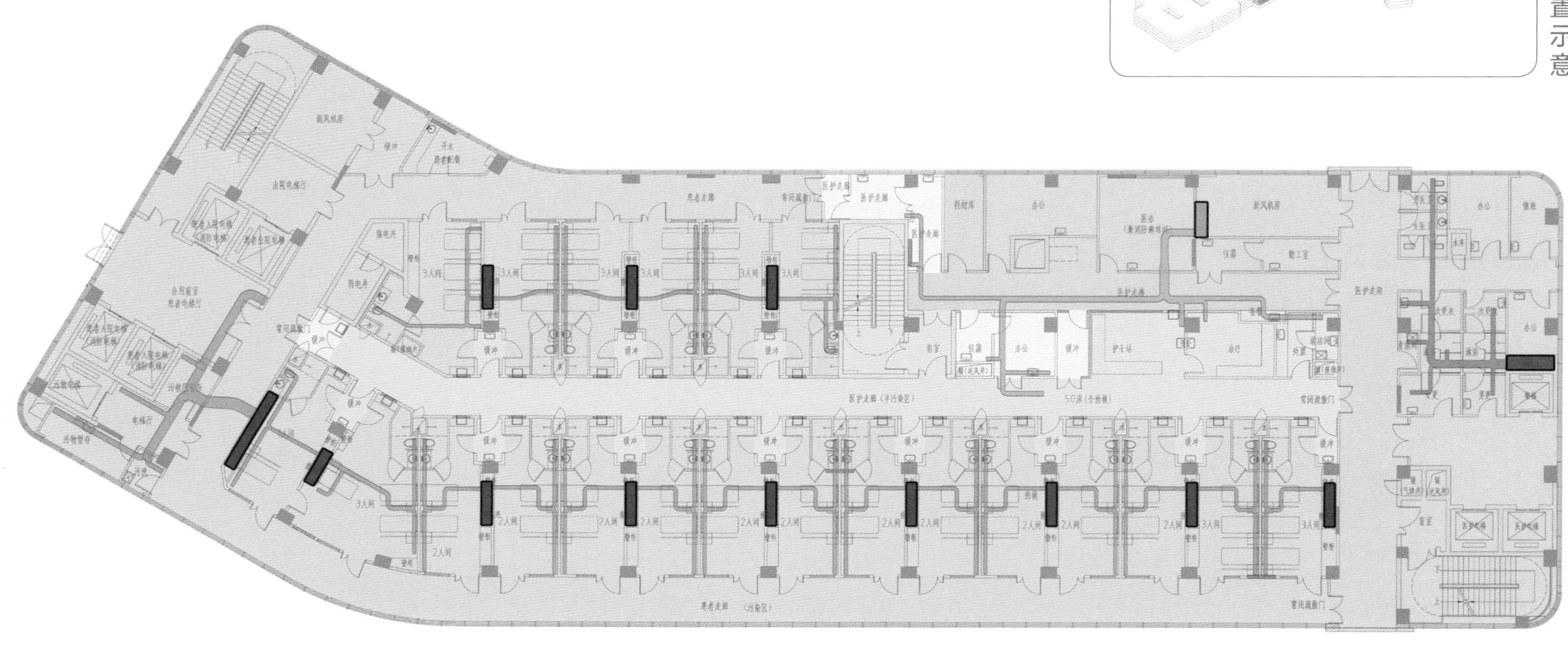

清洁区

清洁区排风管道

清洁区排风井

半污染区

半污染区排风管道

半污染区排风井

污染区

污染区排风管道

污染区排风井

卫生通过

POLYCLINIC FOR BOTH PEACETIME AND EMERGENCY TIME USE

综合院区平急两用

普通病区平面图

平时模式

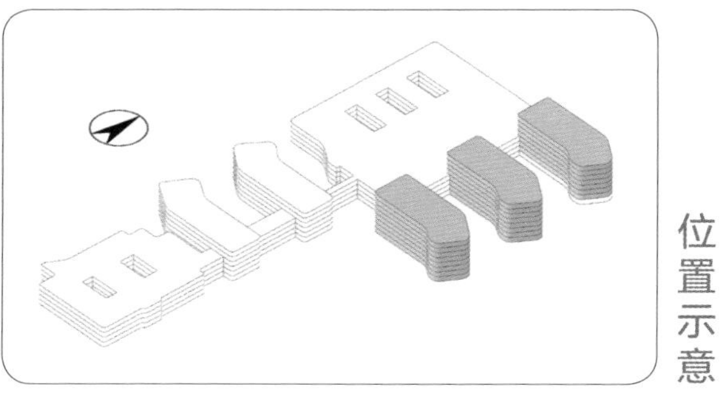

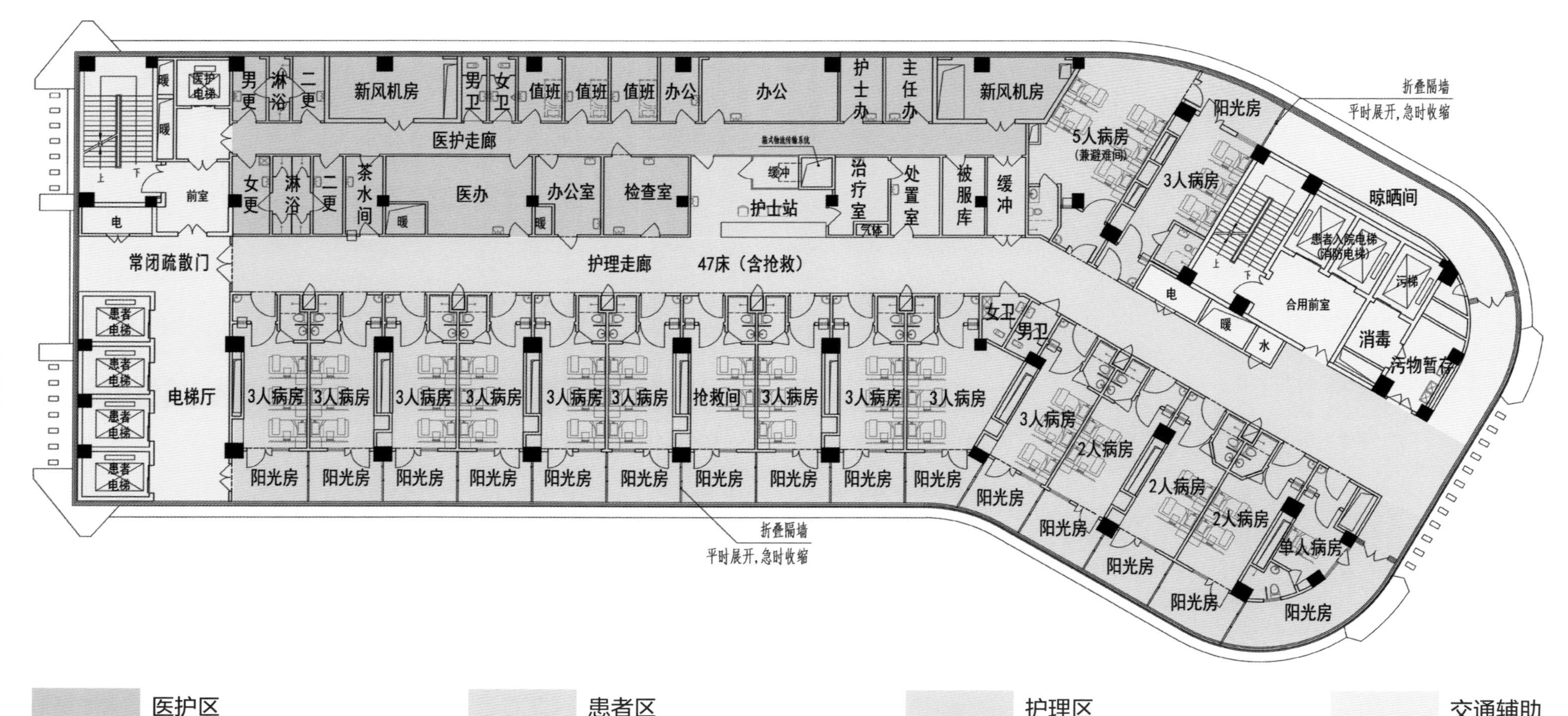

普通病区流线图

平时模式

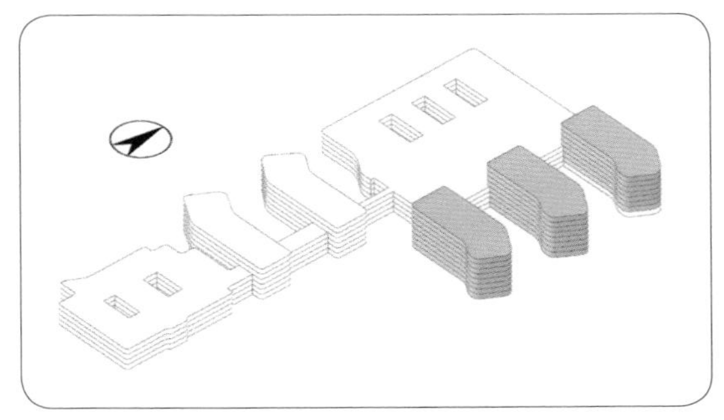

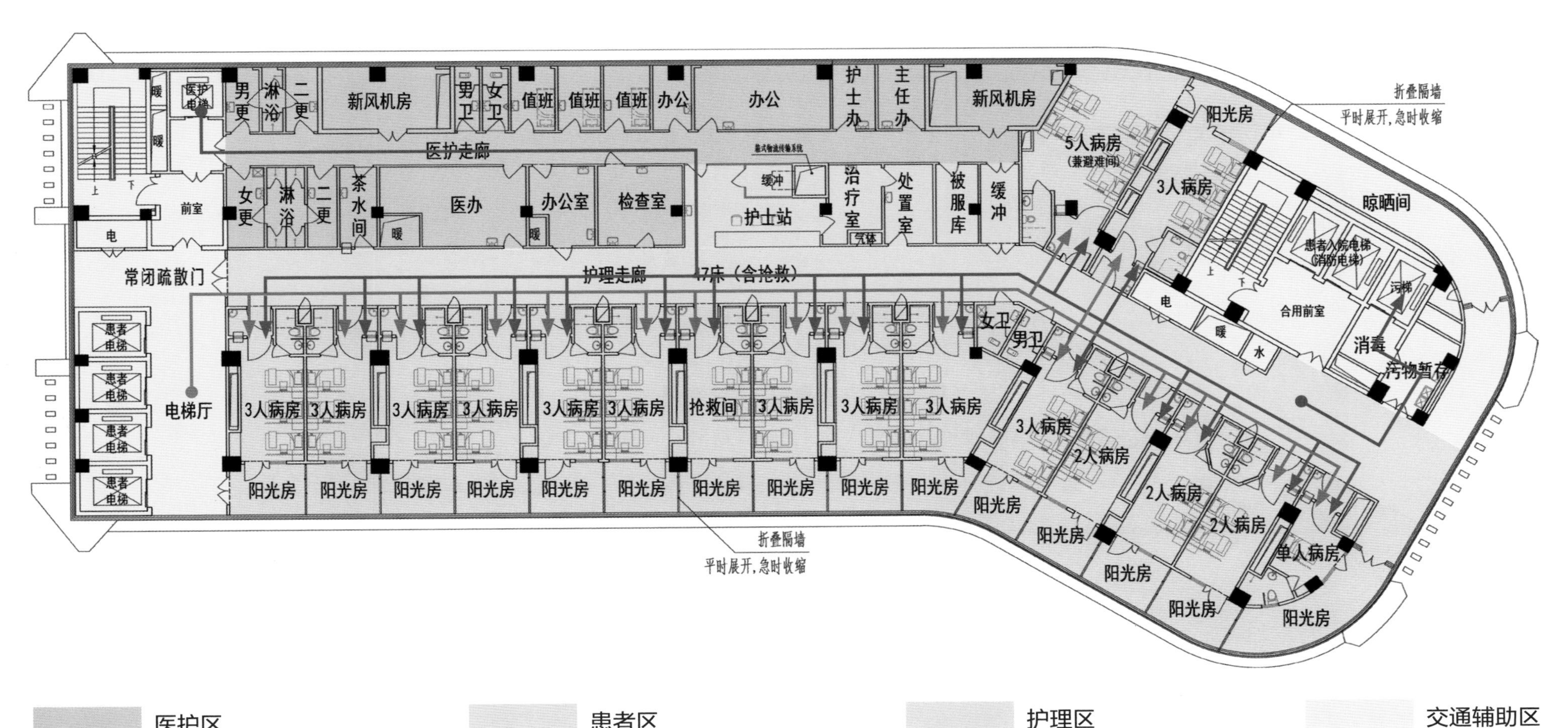

医护区　患者区　护理区　交通辅助区

医护流线　患者流线　污物流线

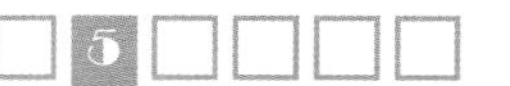

病区急时转换图——将普通病区转换为呼吸道传染病负压病区（“三区两通道”）

急时模式

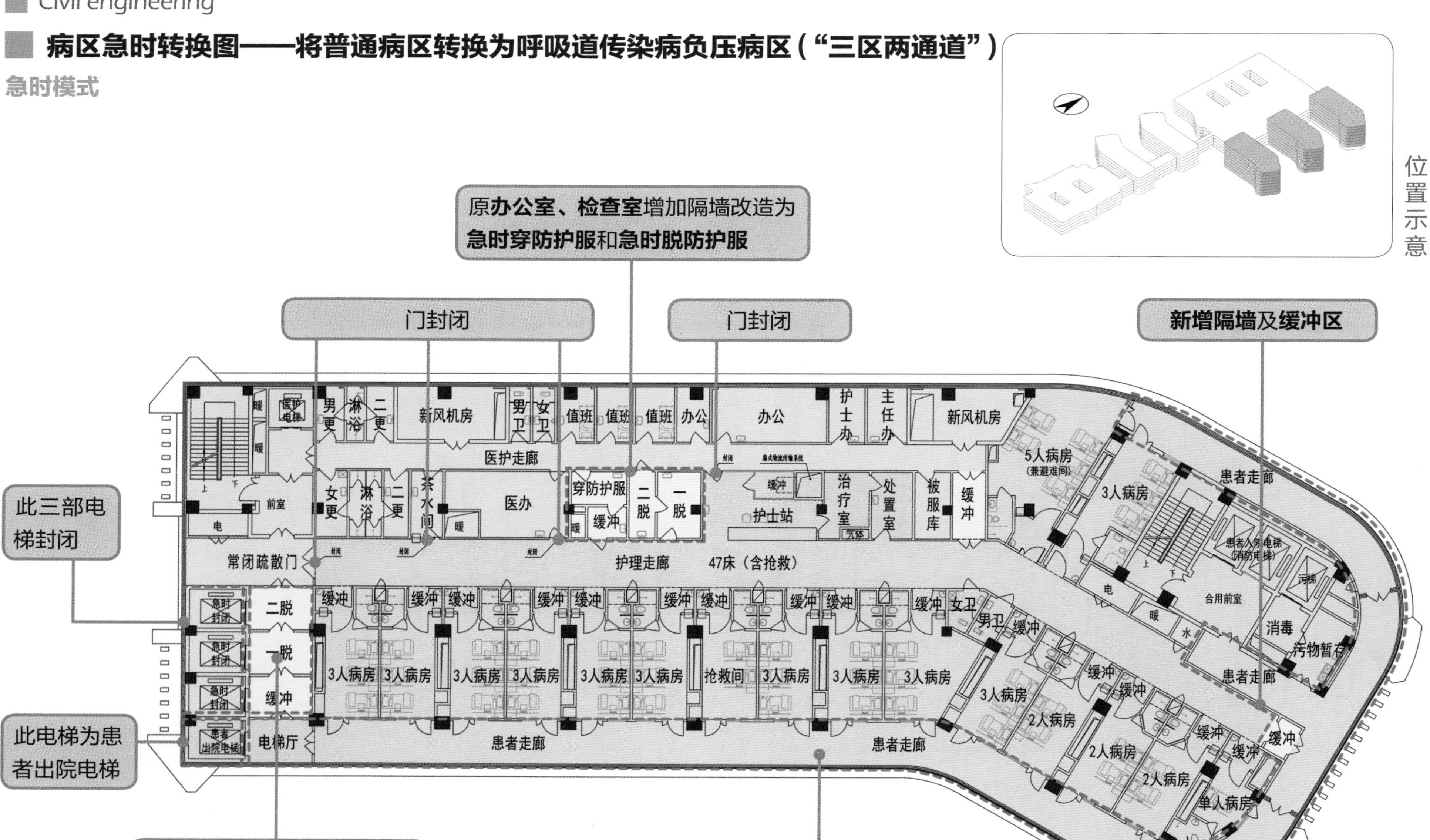

清洁区　　半污染区　　污染区　　卫生通过

呼吸道传染病负压病区平面图

急时模式

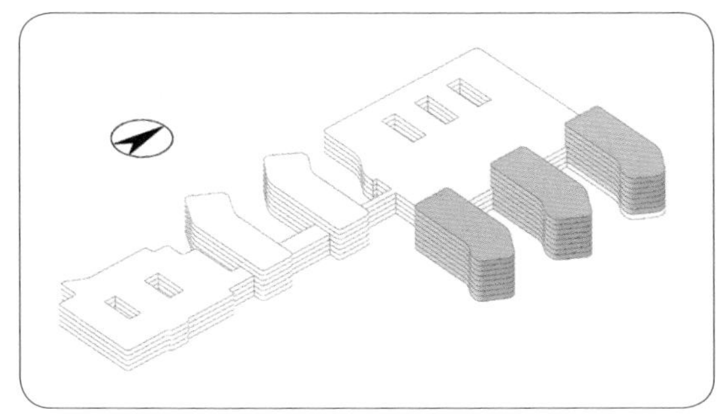
位置示意

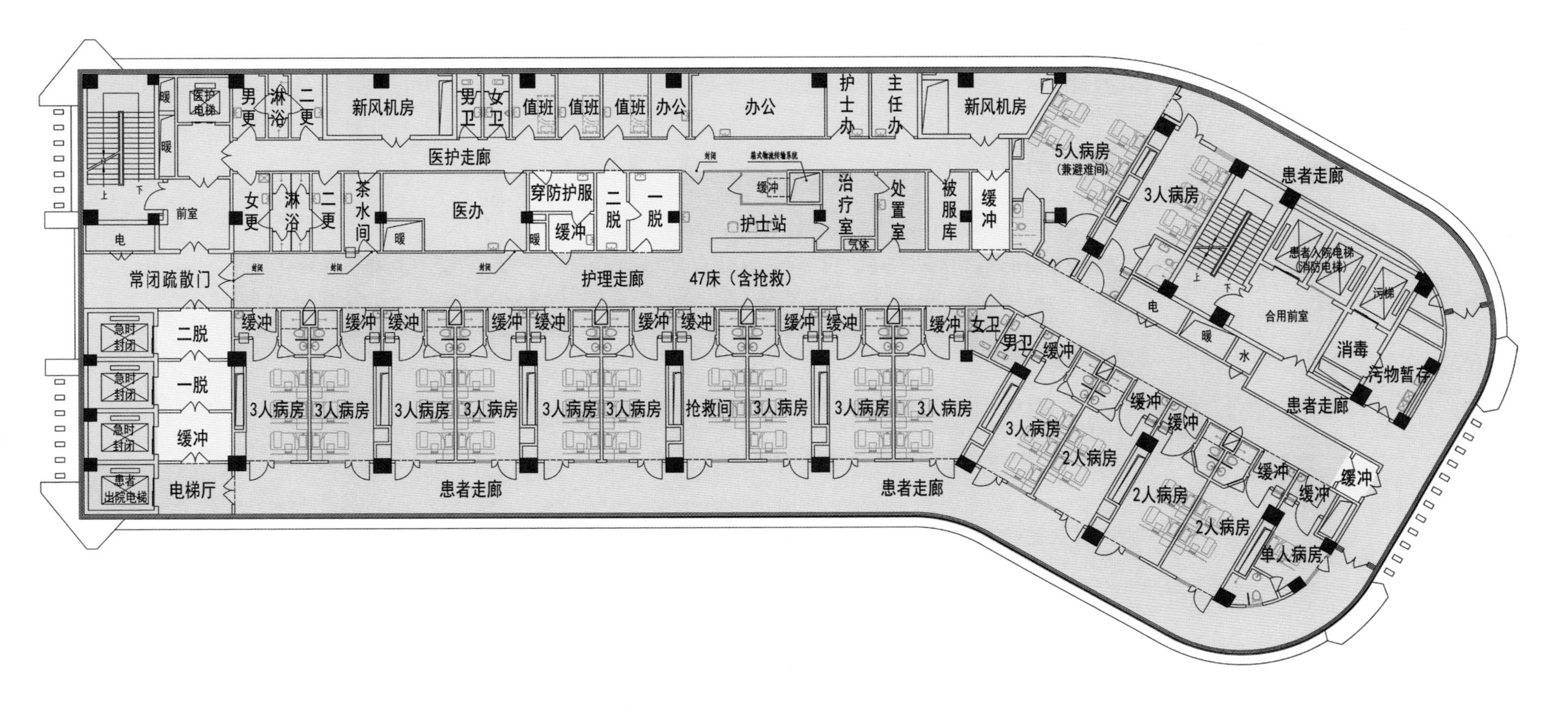

清洁区　半污染区　污染区　卫生通过

呼吸道传染病负压病区流线图

急时模式

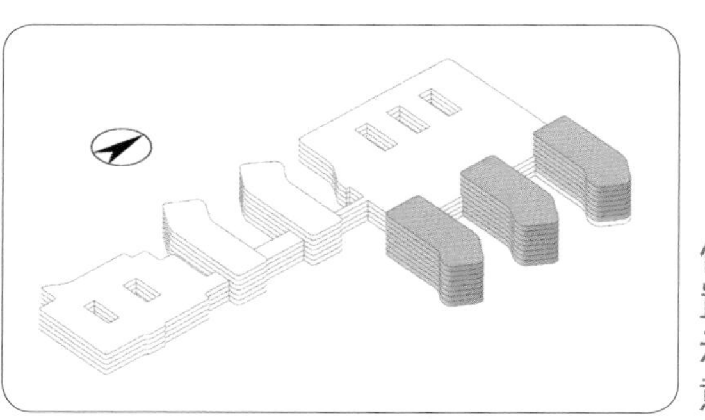

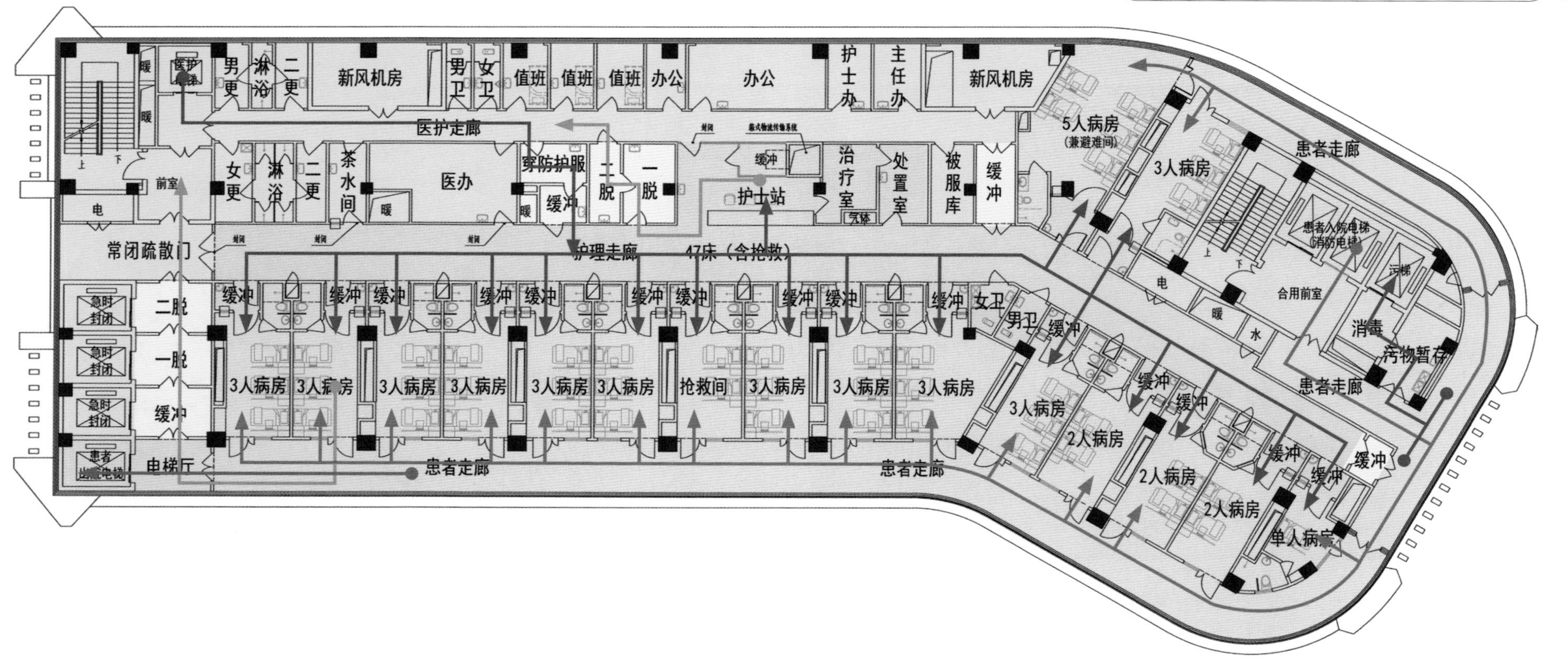

清洁区　半污染区　污染区　卫生通过

医护进入流线　医护退回流线　污物流线　患者入院流线　患者出院流线

呼吸道传染病负压病区病床增加图

急时模式二、急时模式三

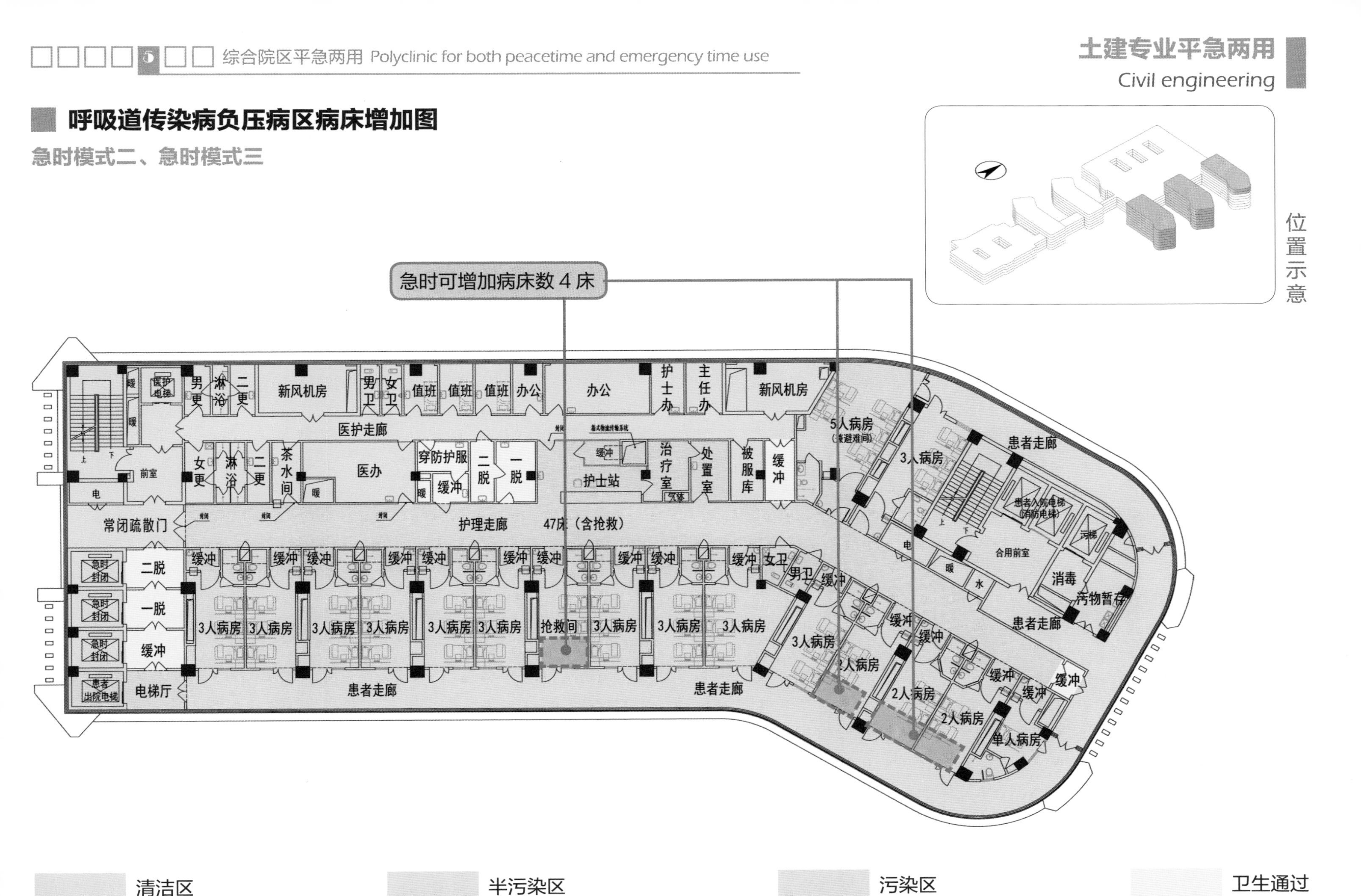

急时模式二、急时模式三时，由于传染病院区大量病床转换为 ICU 后，病床数减少，故在综合院区 3、4 号住院楼全部护理单元及 5 号住院楼 7、8 层护理单元增设床位，满足整个医院 1500 床的规模。

病区排水系统图

平时 / 急时模式（一键转换）

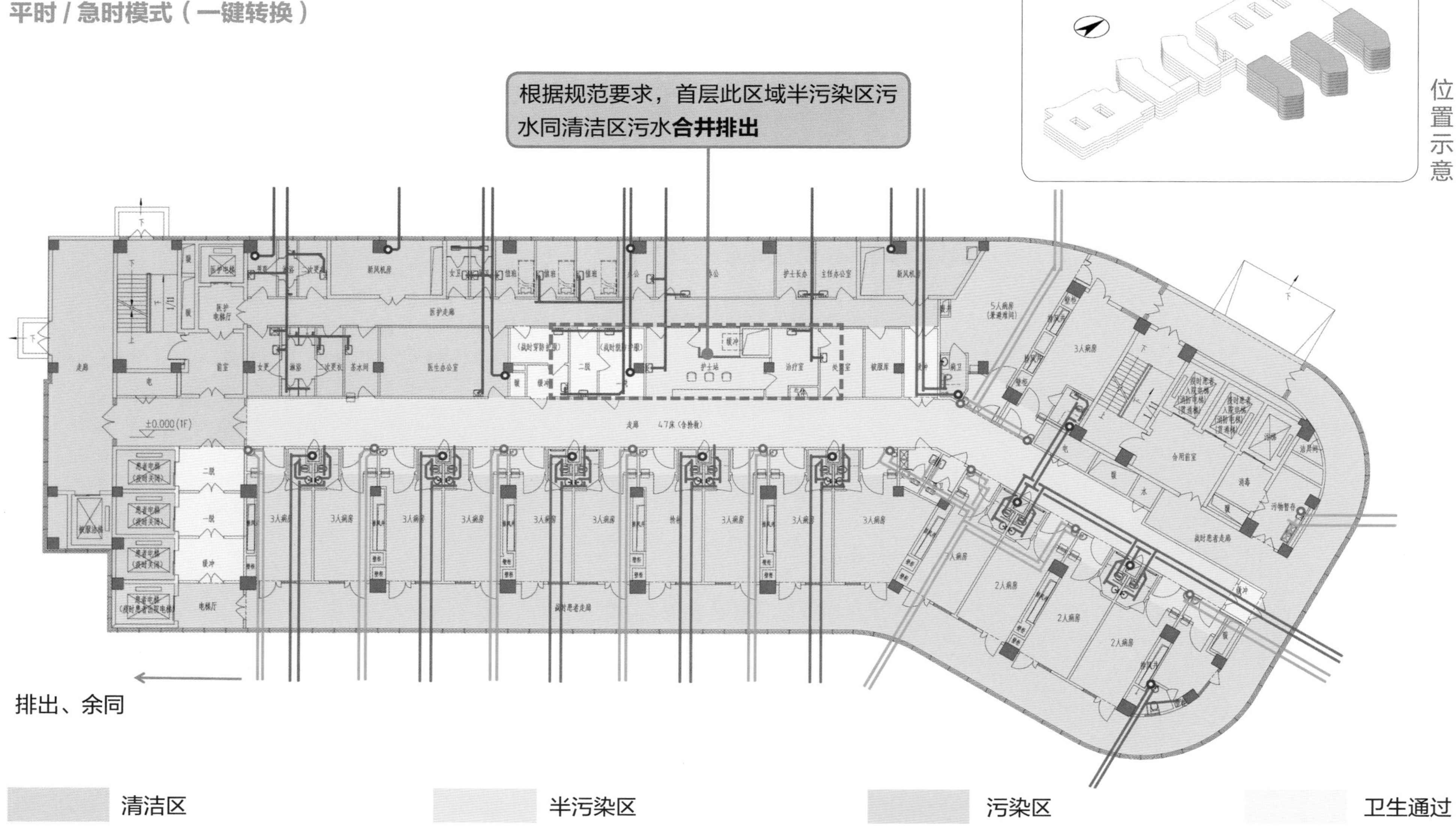

清洁区
清洁区污水排出管
清洁区竖向污水管
半污染区
半污染区污水排出管
半污染区竖向污水管
污染区
污染区污水排出管
污染区竖向污水管
卫生通过

综合院区给水排水设备及管线直接安装到位，可一键转换。

呼吸道传染病负压病区给水、消防系统转换图

急时模式

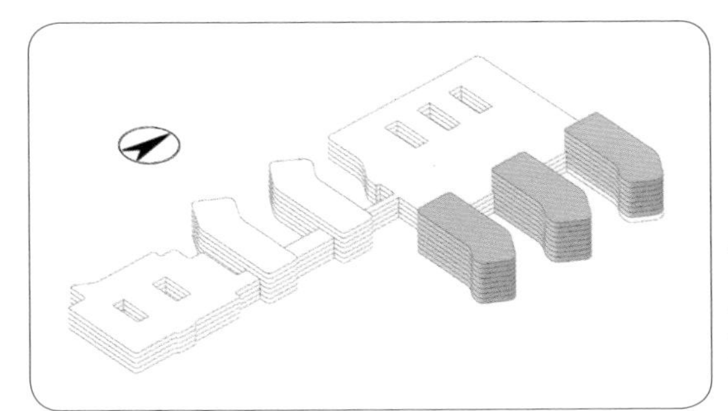
位置示意

此区域给水排水管道、消防设施已安装到位，急时**安装卫生洁具**（蓝点示意）

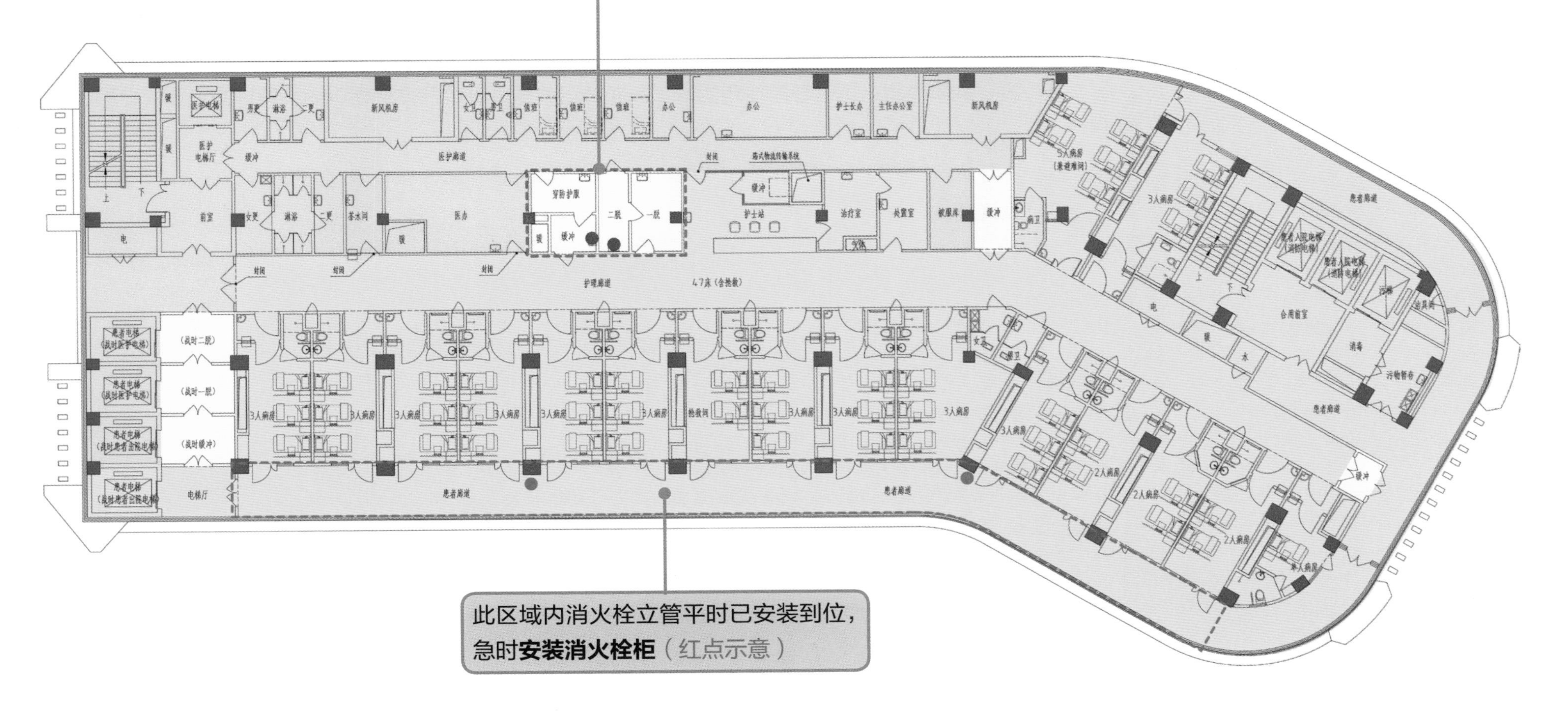

清洁区　半污染区　污染区　卫生通过

1. 设计原则

（1）新风系统、排风系统按照清洁区、半污染区、污染区独立设置。

（2）机械送、排风系统使医院内空气压力从清洁区至半污染区至污染区依次降低，清洁区为正压区，污染区为负压区。清洁区送风量大于排风量，污染区排风量大于送风量。

（3）新风系统、排风系统采用冷凝热泵热回收技术（热回收率 105%），回收能量且不交叉感染。

（4）清洁区每间房的新风量大于排风量 150m^3/h，污染区每间房的排风量大于新风量 150m^3/h。

（5）排风机设在室外排风管路的末端，使整个管路为负压。排风系统上设置高效过滤器，高效过滤器设置在排风管路末端。

2. 转换措施

（1）新风机房内预留有急时使用的设备安装位置，在该位置上安装急时使用的冷凝热泵热回收送风机，并安装相应的风管、冷媒管、冷凝水管及附件。

（2）根据急时屋面平面，拆卸部分风管，安装急时使用的排风机、排风管、电动风阀、冷媒管等。

（3）在病房内排风系统的预留接口处安装下排风管道、排风口、手动风量调节阀。

（4）关闭新风系统上标记为“开”的手动密闭阀、打开新风系统上标记为“关”的手动密闭阀，新风系统即可转换为不同分区的独立系统。打开排风系统上标记为“关”的手动密闭阀，增大半污染区的排风量。

（5）污染区病房新风支管上的电动两档定风量阀调至高档风量，污染区走廊里的电动定风量阀打开。污染区新风量增大至 6 次 /h。

（6）在缓冲间与医护走廊之间的墙体上安装微压差计。

（7）根据急时防排烟平面增加患者通道内的挡烟垂壁。

3. 负压病房控制要求

（1）病房风机控制措施：启动时先启动排风机，后启动送风机；关闭时先关送风机，后关排风机。

（2）医护走廊与缓冲间之间设置微压差计用于检测和报警。

（3）当病房作为非呼吸道负压病房时，启动 1 台新风机和对应的 1 台排风机；当病房切换为呼吸道负压病房时，启动 2 台新风机和对应的 2 台排风机。

（4）新风定风量阀带电动执行器，当病房作为非呼吸道负压病房时风量设定值为低档风量（手动），当病房切换为呼吸道负压病房时风量设定值为高档风量（手动）。

（5）当病房进行消杀、更换滤网时，关闭房间新风系统和排风系统上的电动风阀。

（6）送风机、排风机为变频控制，具体由管路末端压力传感器（暖通调试后确定定压点及压力值）控制。

（7）病房排风管道上的电动风阀根据医护走廊和缓冲间之间的压差传感器控制，保证压差值。

普通病区通风管道图

平时模式

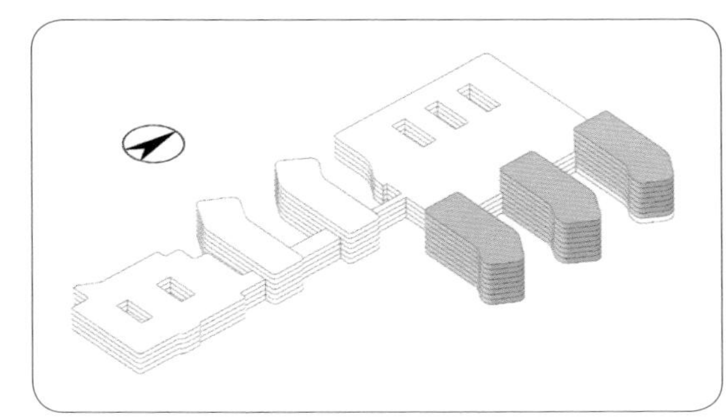
位置示意

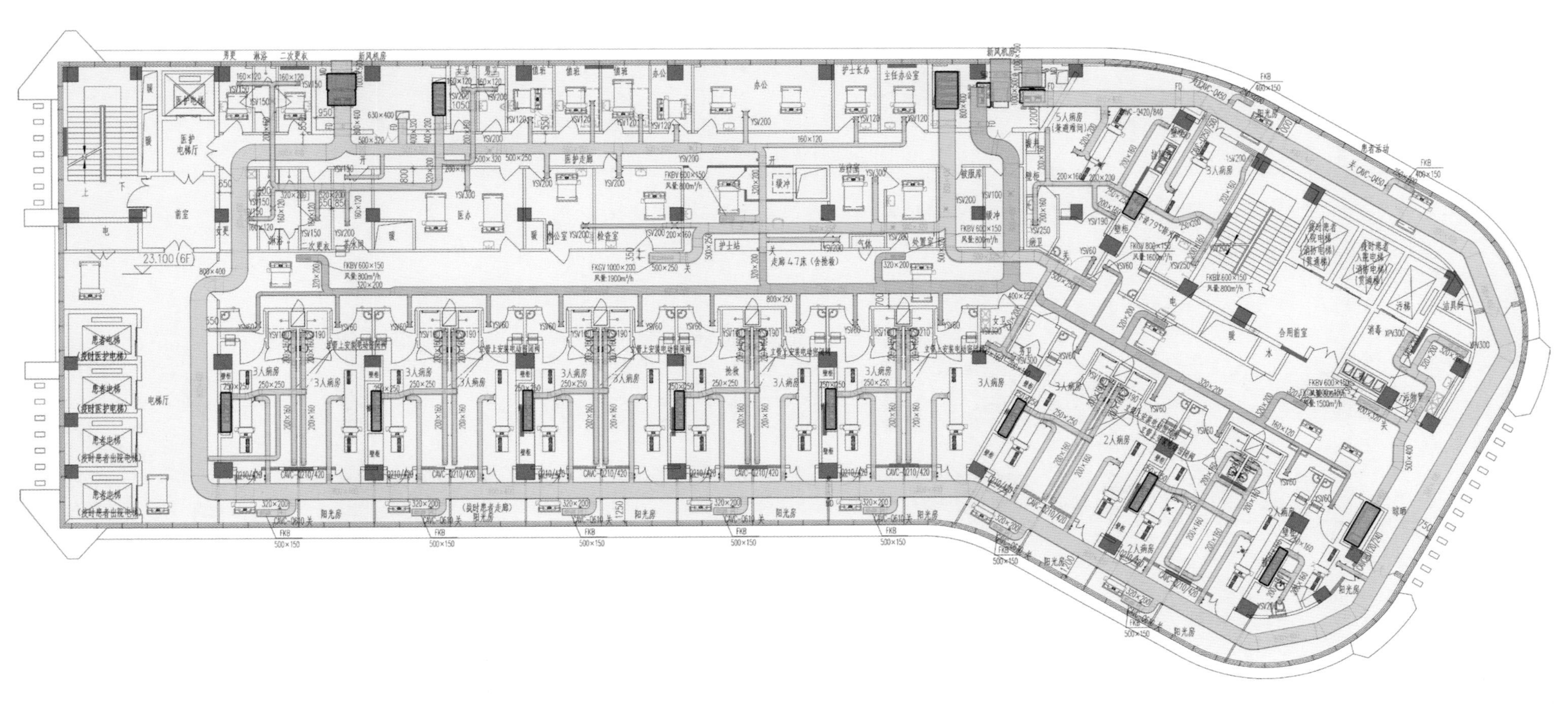

送风机 新风管道 排风井 排风管道 预留新风管道

普通病区屋面排风系统图

平时模式

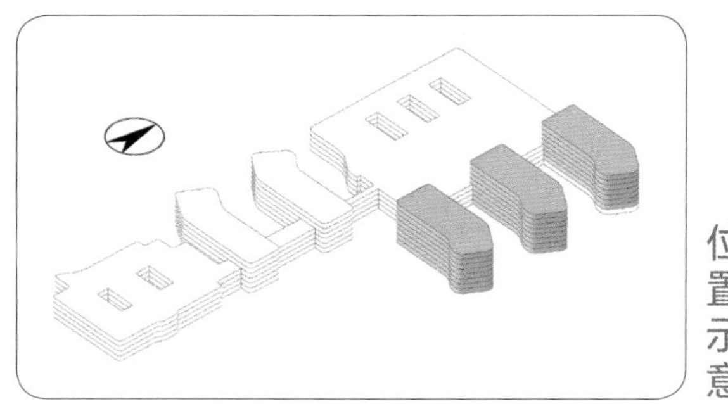
位置示意

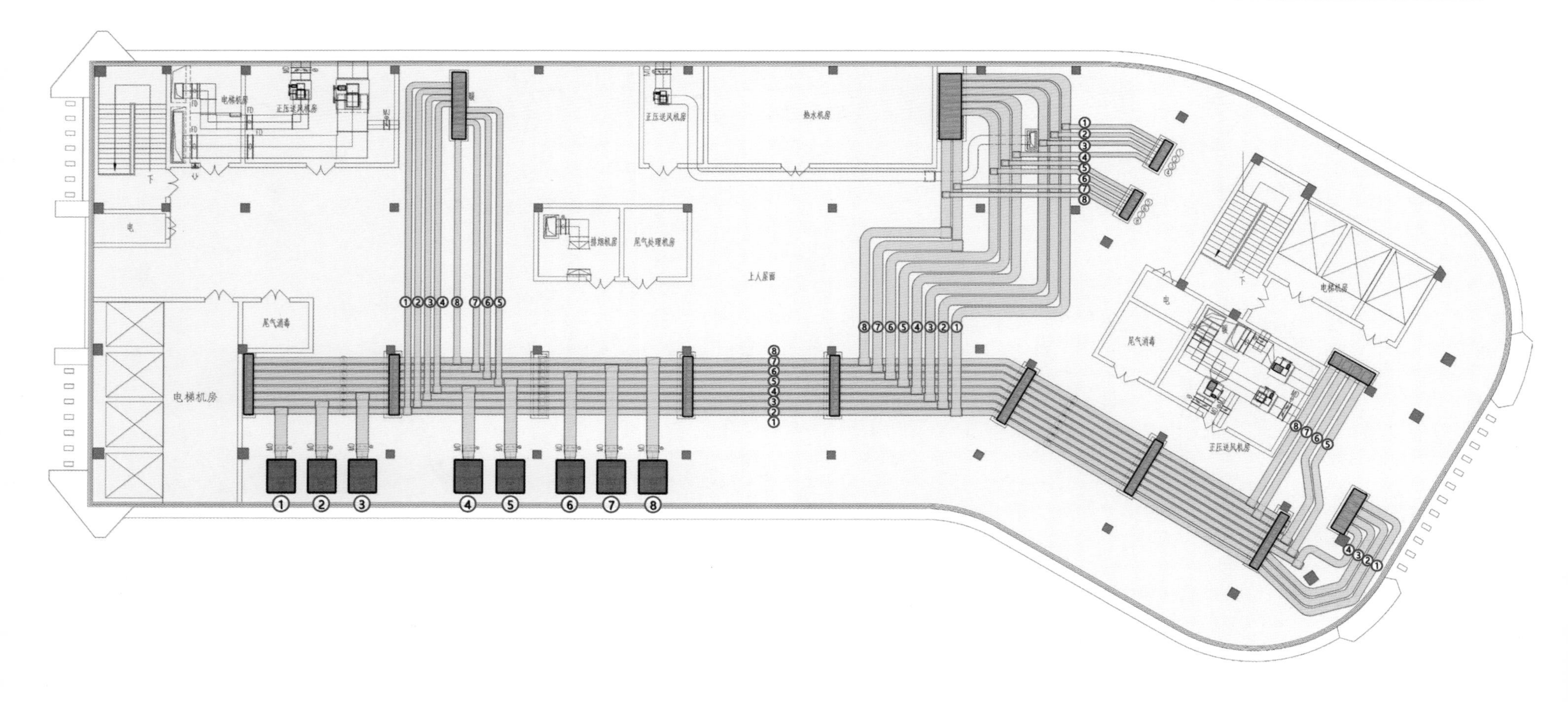

排风管道　排风井　排风机　①②③… 对应楼层

病区急时新风系统转换图——普通病区转换为呼吸道传染病负压病区

急时模式

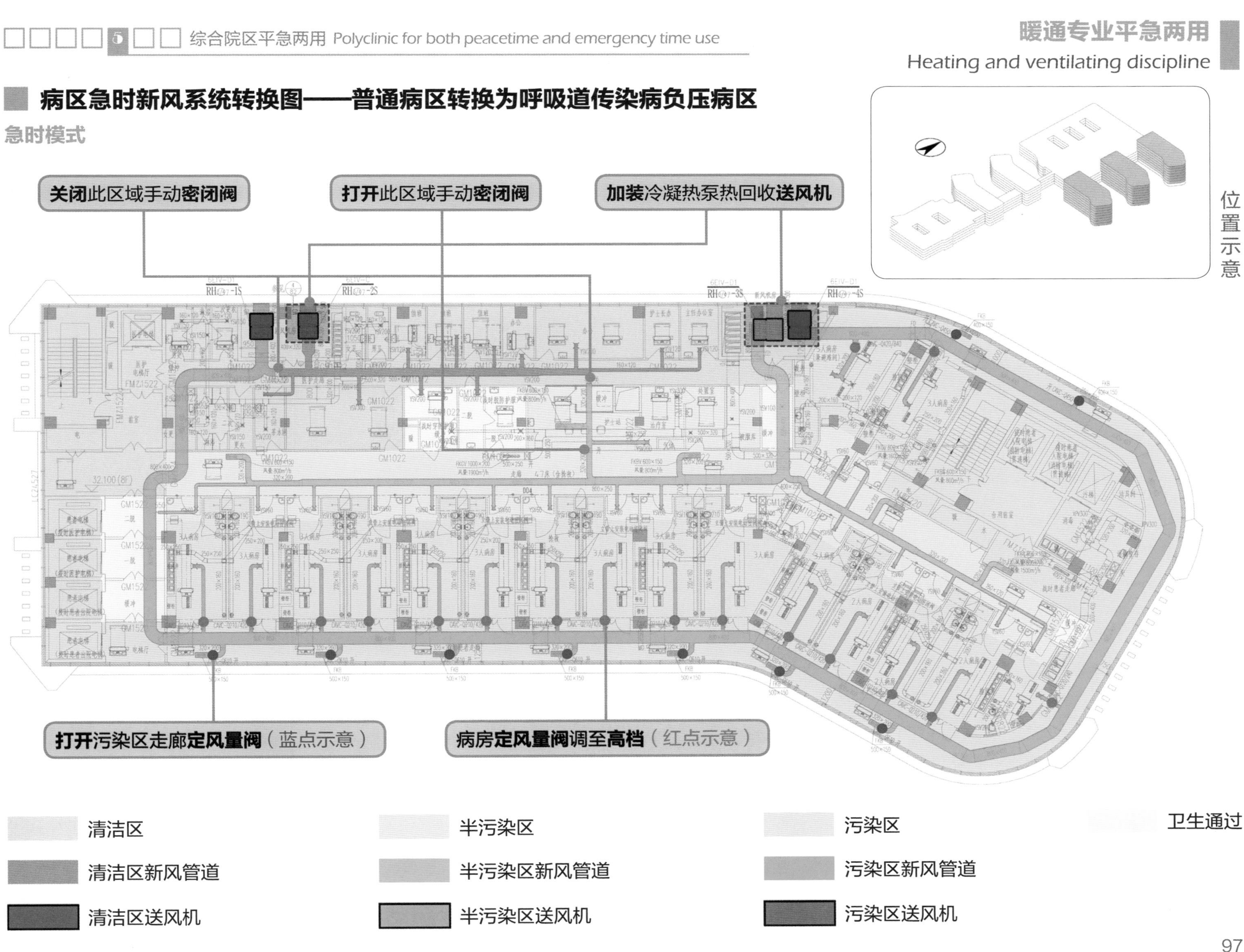

病区急时排风系统转换图——普通病区转换为呼吸道传染病负压病区

急时模式

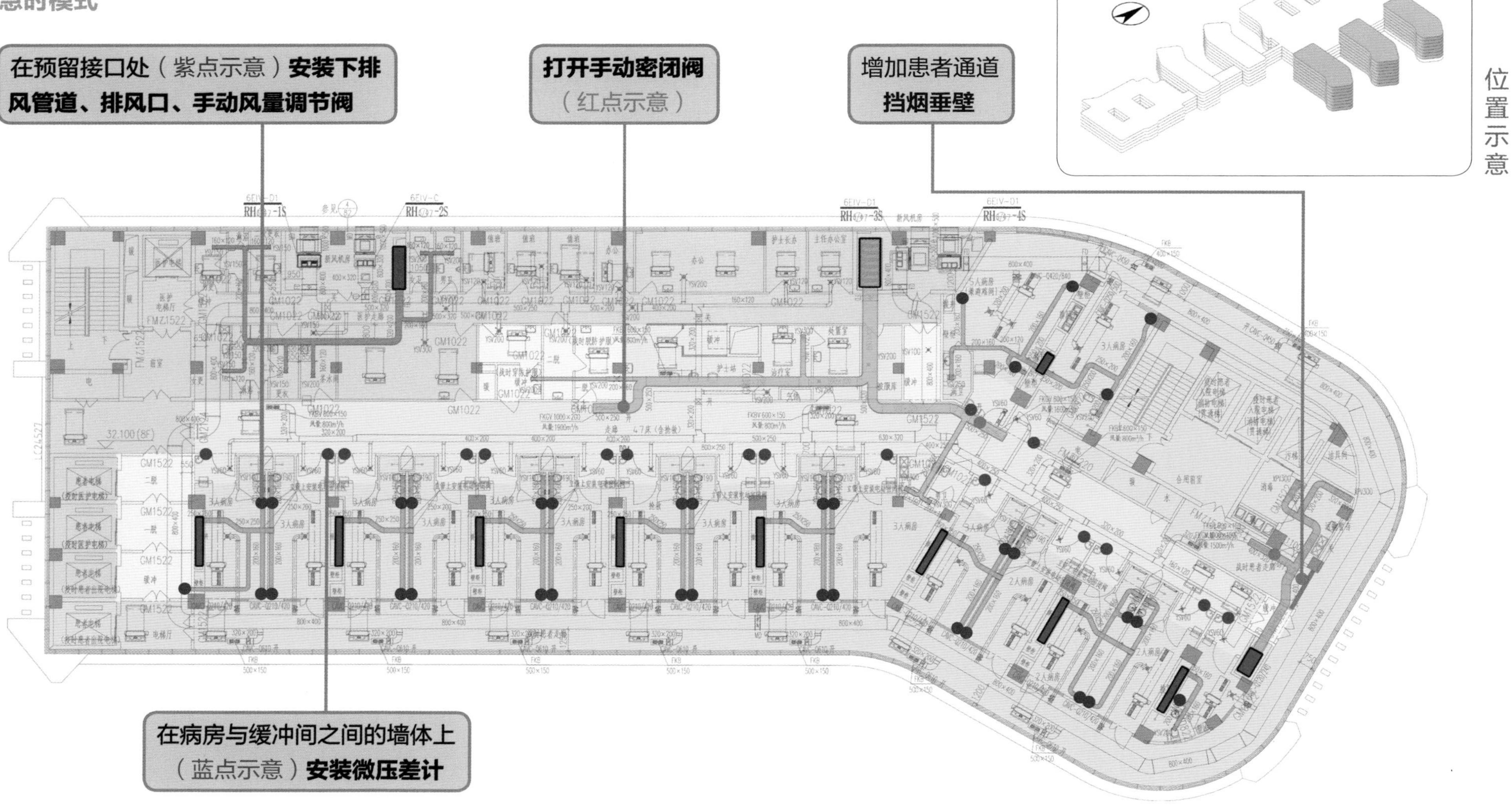

清洁区　半污染区　污染区　卫生通过

清洁区排风管道　半污染区排风管道　污染区排风管道

清洁区排风井　半污染区排风井　污染区排风井

病区急时屋面排风系统转换图——普通病区转换为呼吸道传染病负压病区

急时模式

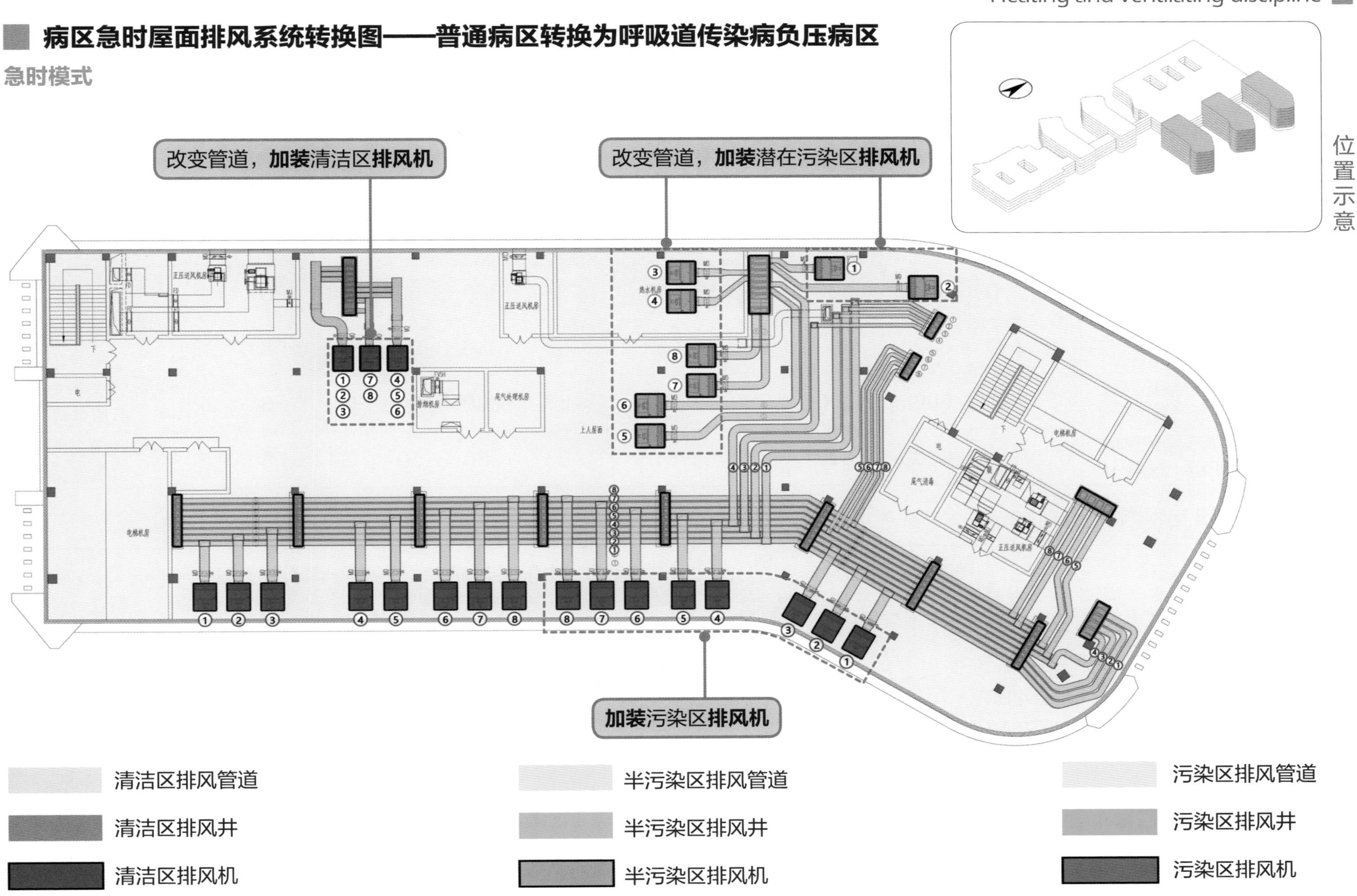

急时新增设备表

1. 变频冷凝热泵热回收空调机组（送风）技术参数表

序号	设备名称	参考型号	送风量	机外静压	制冷量	制热量	噪声	电压 / 相 / 频率	过滤器		数量	备注
			m^3/h	Pa	kW	kW	dB(A)	V-φ-Hz	板式初效	微静电中效	台	
1	变频冷凝热泵热回收空调机组（送风）	6EIV-C	4400	300	39	42	≤63	380-3-50	G4	F8	4	带配电及控制箱、风机变频
2	变频冷凝热泵热回收空调机组（送风）	6EIV-D	5260	300	50	52	≤63	380-3-50	G4	F8	1	带配电及控制箱、风机变频
3	变频冷凝热泵热回收空调机组（送风）	6EIV-D	5320	300	50	52	≤63	380-3-50	G4	F8	23	带配电及控制箱、风机变频
4	变频冷凝热泵热回收空调机组（送风）	6EIV-D1	6095	300	60	61.5	≤63	380-3-50	G4	F8	22	带配电及控制箱、风机变频
5	变频冷凝热泵热回收空调机组（送风）	6EIV-D1	6600	300	60	61.5	≤63	380-3-50	G4	F8	5	带配电及控制箱、风机变频

2. 变频冷凝热泵热回收空调机组（排风）技术参数表

序号	设备名称	参考型号	送风量	机外静压	制冷 / 制热性能系数		噪声	电压 / 相 / 频率	冷媒管管径		数量	备注
			m^3/h	Pa	制冷 COP	制热 COP	dB(A)	V-φ-Hz	气管 mm	液管 mm	台	
1	变频冷凝热泵热回收空调机组（排风）	6ERM-AE(0390)	3400	500	3.91	4.82	≤63	380-3-50	28.6	15.9	4	带配电及控制箱、风机及压缩机均变频
2	变频冷凝热泵热回收空调机组（排风）	6ERM-AE(0500)	5550	500	3.96	4.82	≤63	380-3-50	28.6	15.9	1	带配电及控制箱、风机及压缩机均变频
3	变频冷凝热泵热回收空调机组（排风）	6ERM-AE(0500)	5650	500	3.96	4.82	≤63	380-3-50	28.6	15.9	23	带配电及控制箱、风机及压缩机均变频
4	变频冷凝热泵热回收空调机组（排风）	6ERM-AE(0500)	5100	500	3.96	4.82	≤63	380-3-50	28.6	15.9	5	带配电及控制箱、风机及压缩机均变频
5	变频冷凝热泵热回收空调机组（排风）	6ERM-AE(0600)	6500	500	4	4.88	≤63	380-3-50	28.6	15.9	22	带配电及控制箱、风机及压缩机均变频

病区标准层配电平面

平时 / 急时模式

急时根据图示位置安装热回收排风机组的配电箱、电力桥架及电缆敷设，并进行设备调试。

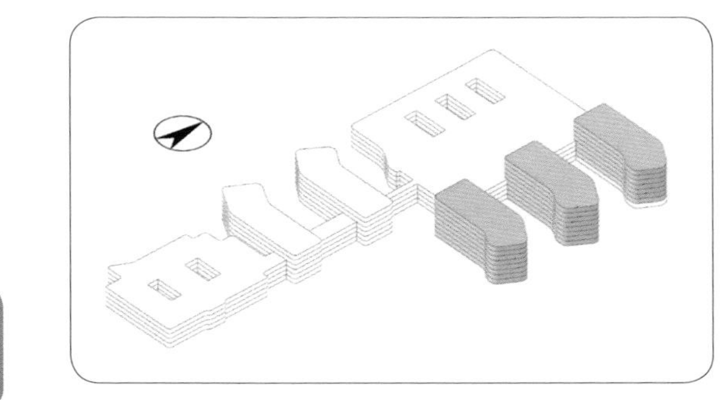

位置示意

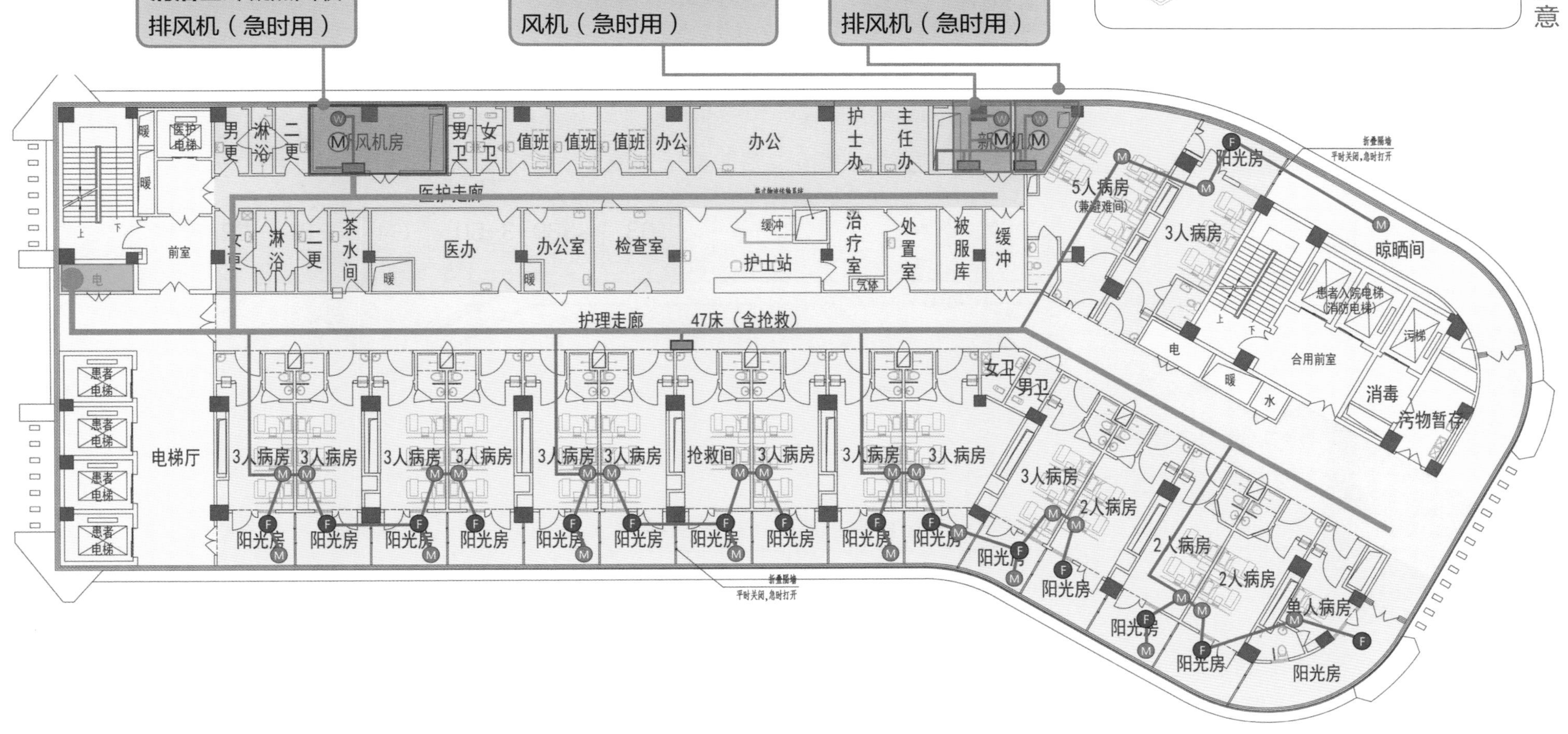

病区标准层应急照明平面

平时 / 急时模式

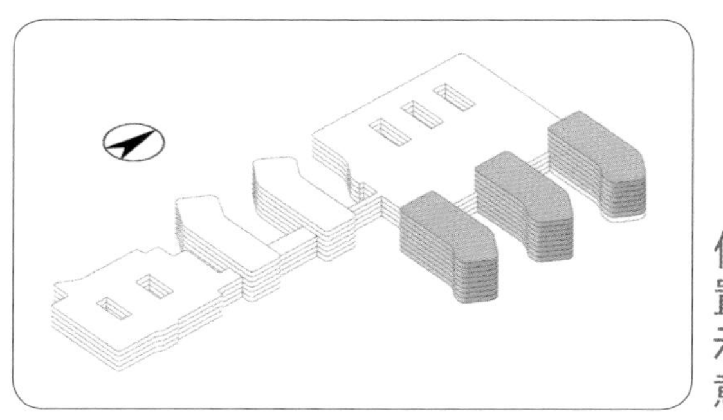

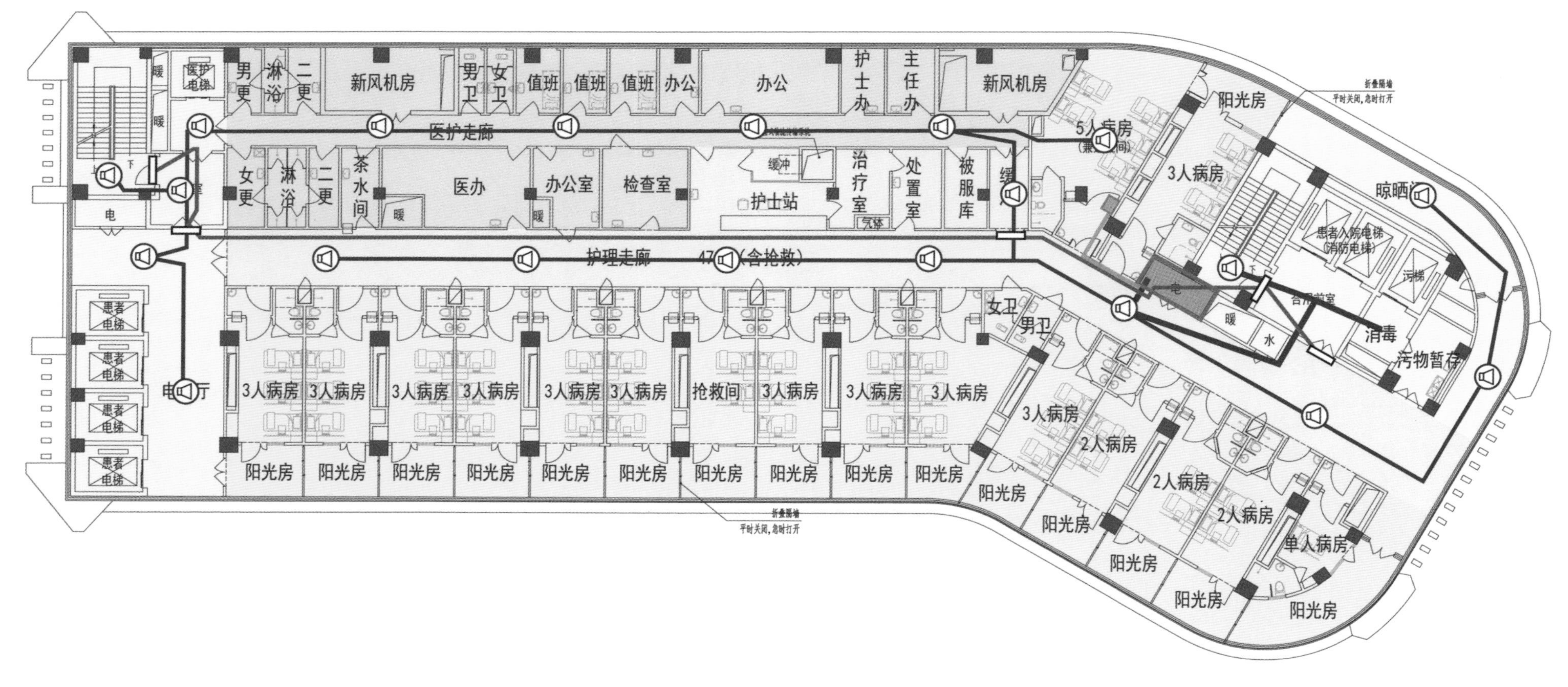

医护区　护理区　患者区　交通辅助区

消防广播线　防火门监控线　火灾广播扬声器　防火门监控　消防电话插座

病区标准层火灾报警平面

平时模式

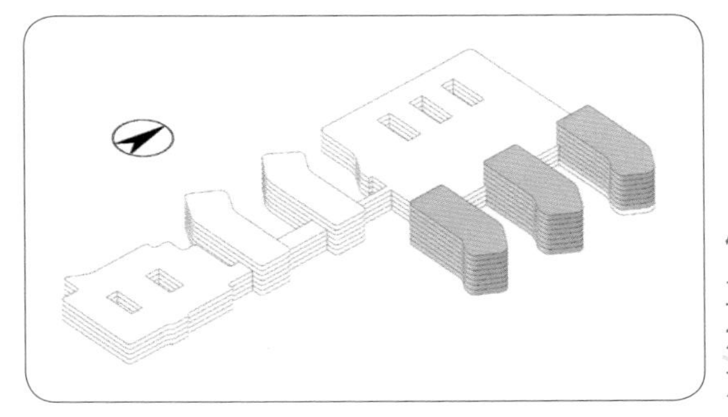

位置示意

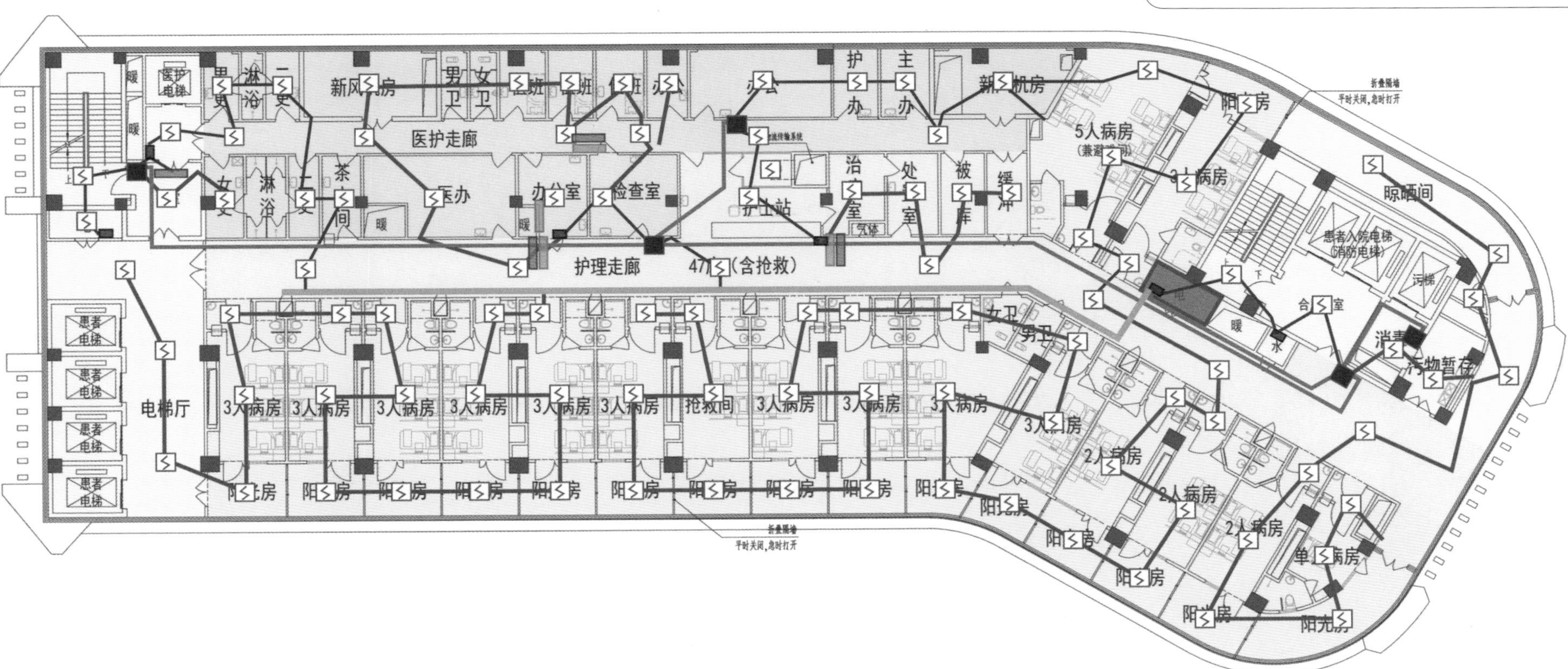

医护区
护理区
患者区
交通辅助区
普通电力桥架
系统报警总线
模块箱
排烟阀
防火阀
光电感烟探测器
声光报警器
手动报警器
系统报警总线＋电源线

病区标准层火灾报警平面

急时模式

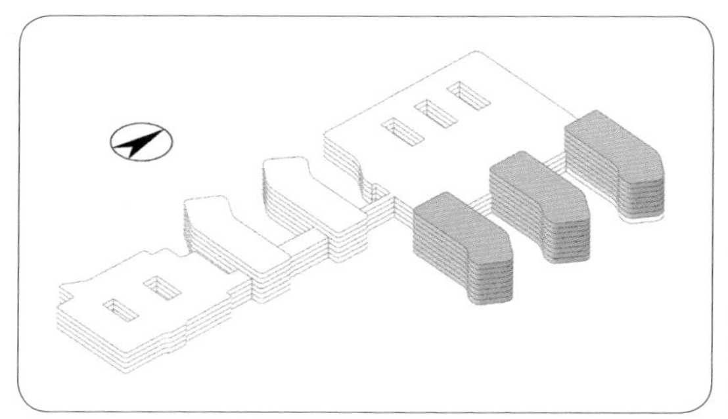

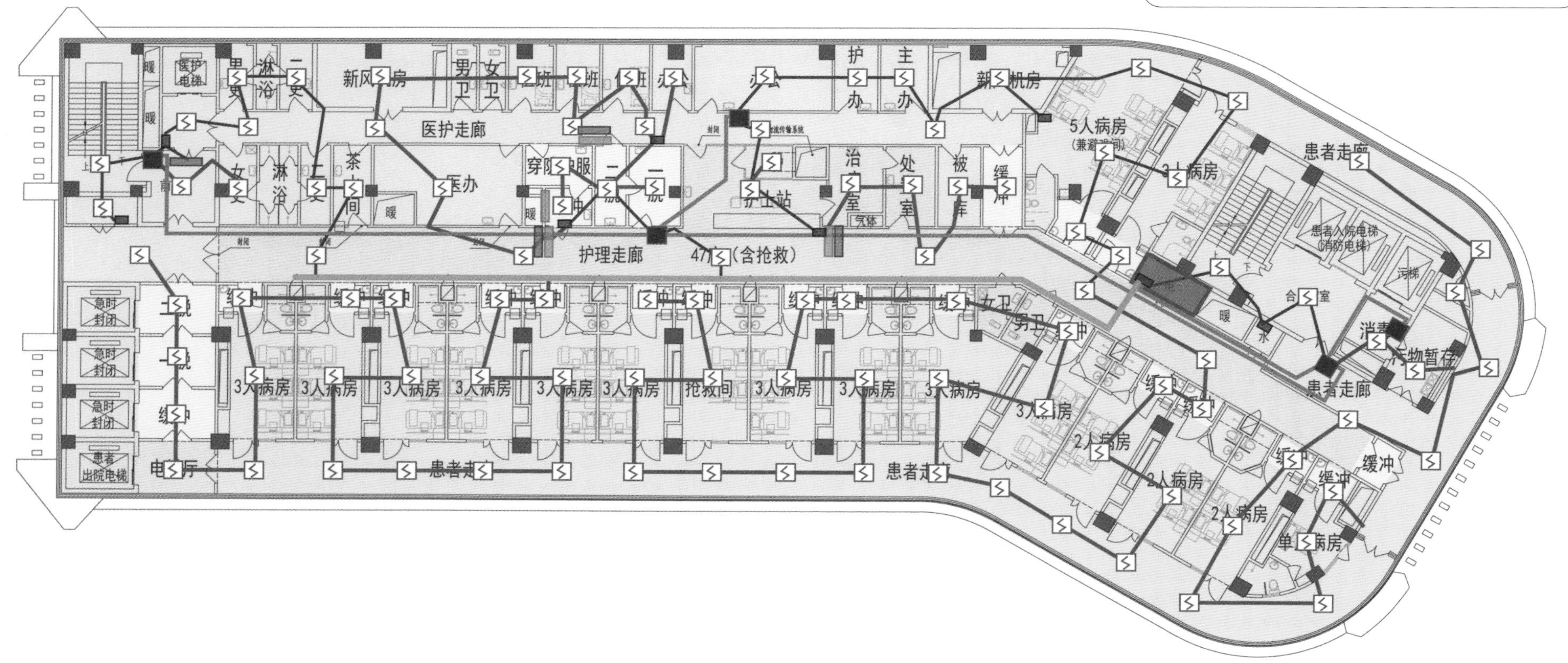

普通电力桥架　　系统报警总线　　排烟阀　　系统报警总线+电源线　　防火阀　　模块箱

光电感烟探测器　　声光报警器 手动报警器　　清洁区　　半污染区　　污染区　　卫生通过

病区屋面配电平面

平时 / 急时模式

急时根据图示位置安装热回收排风机组的配电箱、电力桥架及电缆敷设，并进行设备调试。

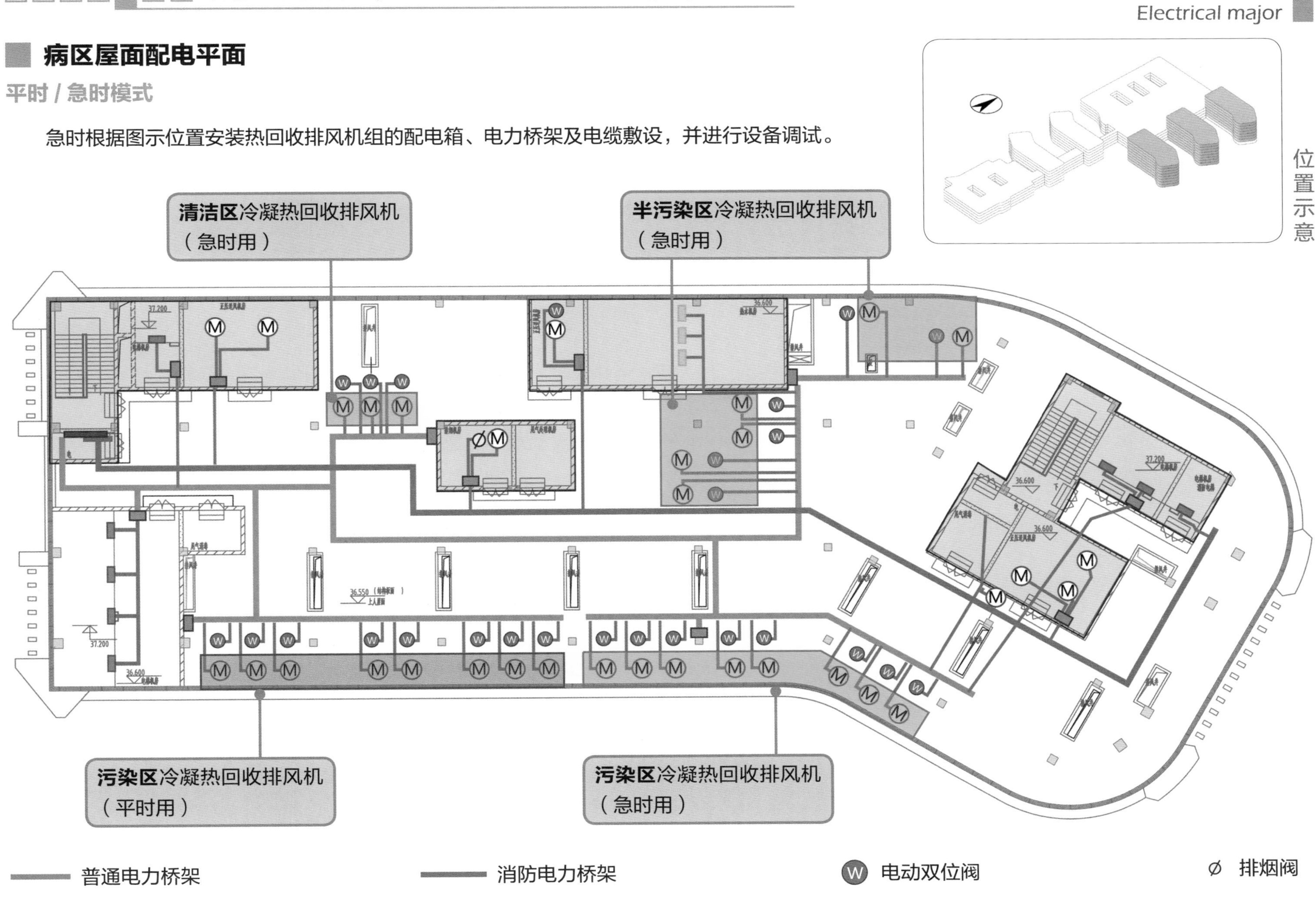

REVERSIBLE DESIGN FOR BOTH EMERGENCY AND EMERGENCY USE

平急两用可逆设计

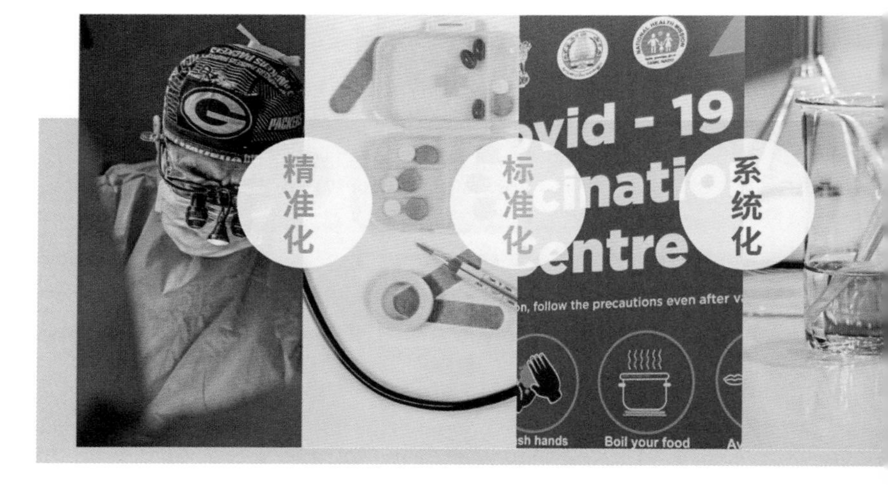

6.1 土建专业可逆策略

1. 传染病院区“急转平”

传染病院区护理单元的平急两用尽可能地简化了物理空间方面的转换。空间布局以弹性设计为主要理念，方便简化急时的土建需求，可达到快速转换的时效性需求。由于传染病院护理单元在建筑空间转换中不涉及新建土建装置，因此，当“急转平”时按需要做好空间消毒后即可再次投入使用。同时在 ICU 病房转换方面，本项目通过落实《关于西安市公共卫生中心建设项目规范设置床位的通知》所提建议，急时当西安市公共卫生中心作为定点医疗机构时需满足总床位数 10% 的 ICU 病床，安装了立式固定吊塔，方便急时转换。“急转平”状态下得益于立式吊塔占地面积较小的优势，院方可根据实际需求增加病床将两人间或一人间 ICU 病房转换为普通的三人间或两人间病房使用。

2. 综合院区“急转平”

综合院区“急转平”时，需要将新增隔墙拆除，并编号存储，以备再次复用。同时，关闭患者走廊折叠隔断，形成病房外阳光间。机电相关的设置可通过控制管理系统一键切换为平时的运作模式。

6.2 机电专业可逆策略

传染病院区护理单元相关机电设置安装完善，医护人员可通过控制管理系统，通过触摸屏设置一键开启，将非呼吸道传染病房转换为呼吸道传染病房。医护人员也可通过控制系统检测负压病房数据，保证负压病房压差安全。综合院区急时安装相关设备并开启实现转换。紧急情况解除后，医护人员亦可通过设置一键转换为平时状态，方便快捷。

6.3 标识系统可逆策略

1. 平时院区标识导视设计

西安市公共卫生中心标识导视系统设计以“关怀温暖、敬畏生命、无限可能”为主题，将扭转的 DNA 的形态与“ ∞ ”造型结合提炼，形成最后标识导视牌的造型。该类标识导视为固定安装。

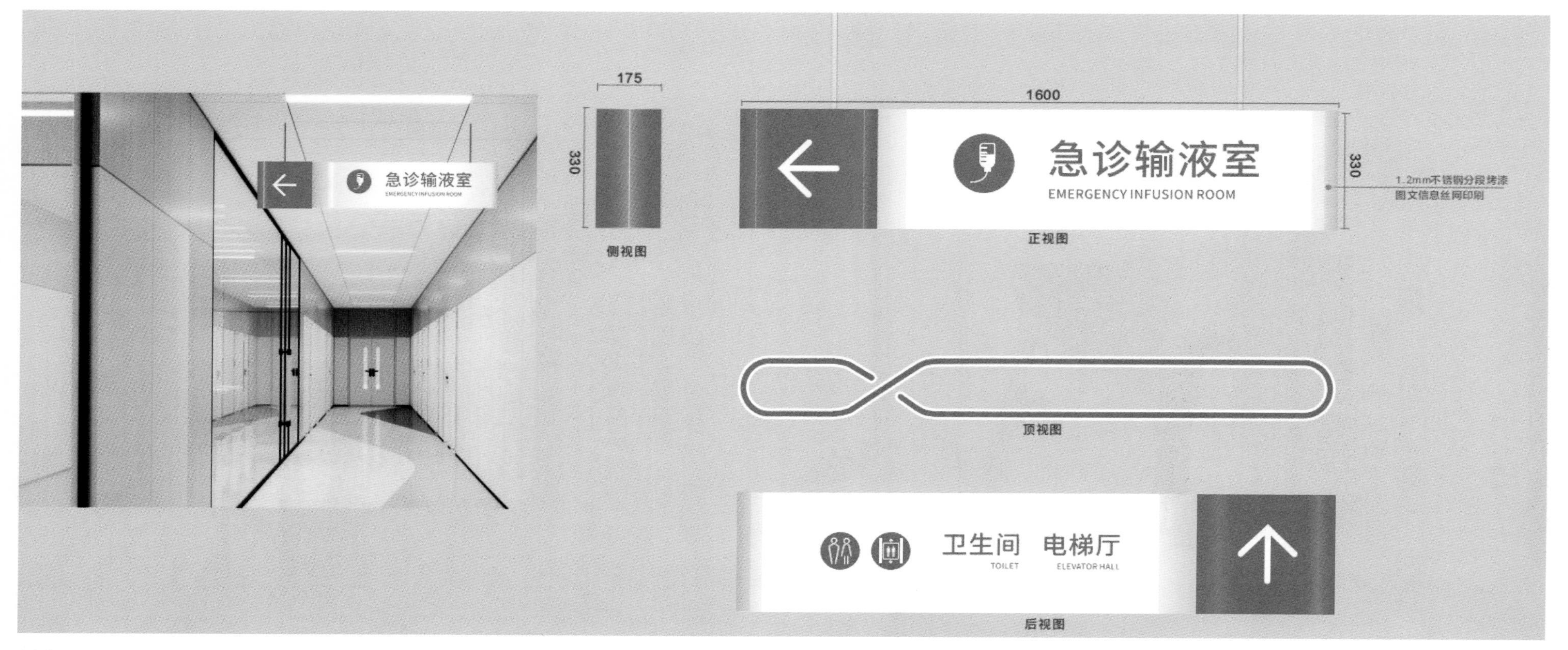

2. 急时标识系统设计

急时院区内标识系统的设计以清晰性为核心原则，确保所有指示信息简洁明了，易于理解和遵循。根据安装方式的差异急时导视标识可分为两类，分别为立地式与贴墙式。两种安装方式均具有急时安装快捷、平时拆除方便的优势。

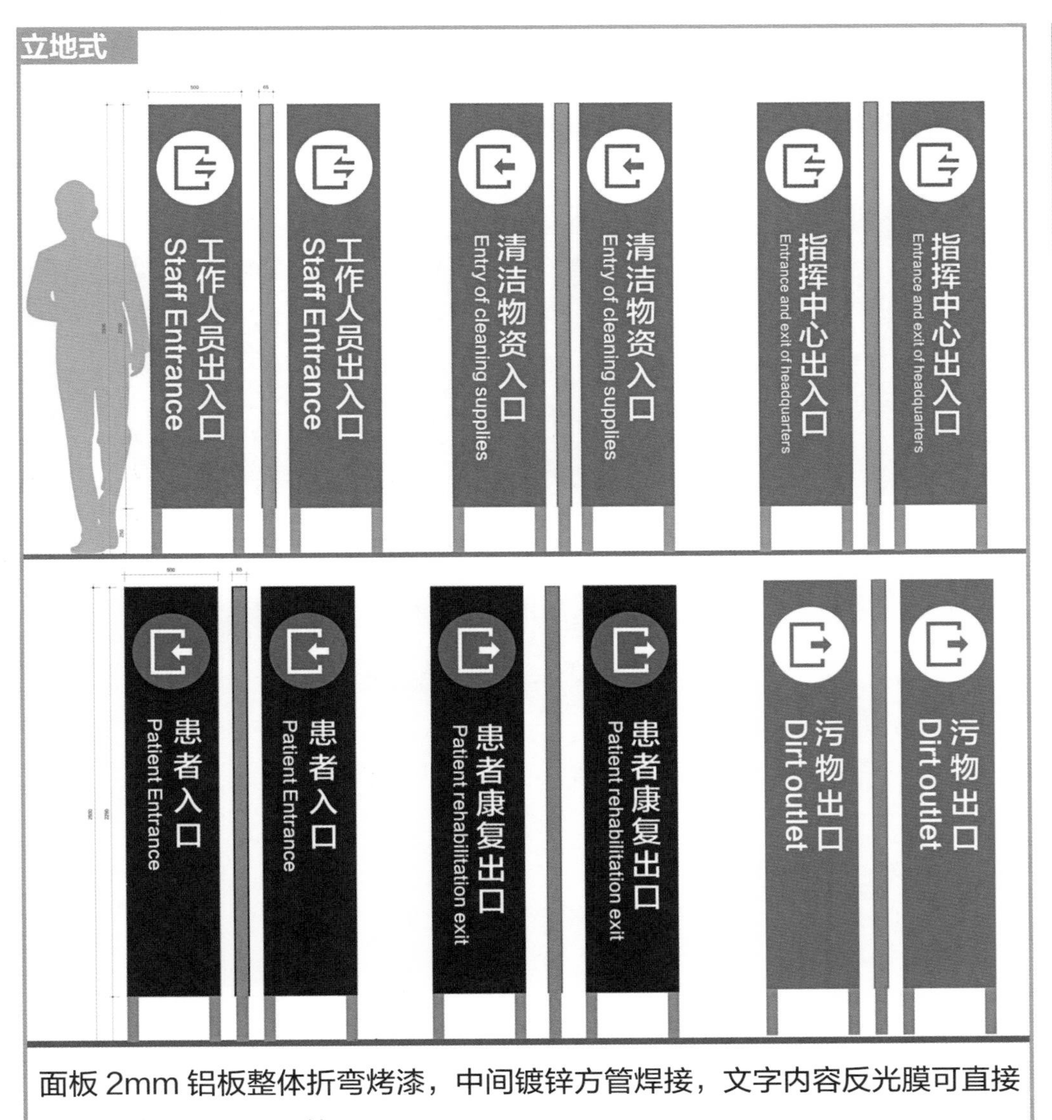

面板 2mm 铝板整体折弯烤漆，中间镀锌方管焊接，文字内容反光膜可直接覆盖更换，方便循环使用。

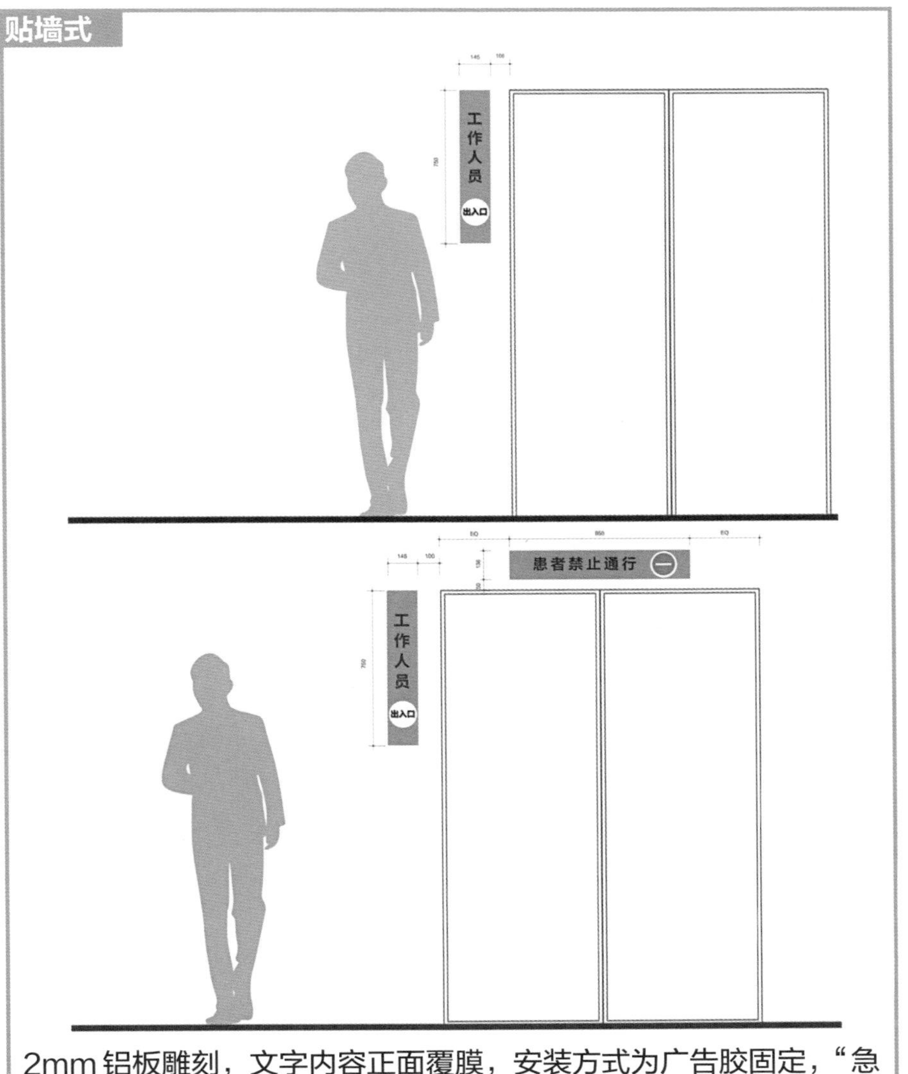

2mm 铝板雕刻，文字内容正面覆膜，安装方式为广告胶固定，“急转平”时可快速转换。

SHELTER HOSPITAL PLANNING AND DESIGN

远期方舱规划设计

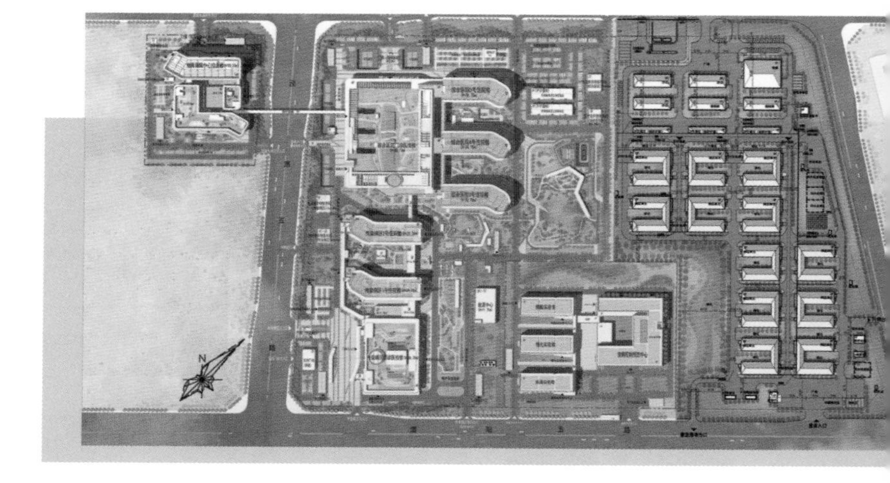

设计原则

1. 模块化和标准化设计原则

项目采用模块化、标准化的设计理念，模块化单元由小及大贯穿院区各建筑单体，标准单元在排列组合下由内及外满足方舱医院分区、流线需求。现场快速进行装配化施工，以减少现场工程量、提高施工效率、缩短施工周期。

（1）标准化、模数化：病区单元设计采用模数协调的方法实现功能空间和部品、部件的模数化、通用化与标准化，并以模块和模块组合的方法实现病区单元、办公单元、卫生通过单元等的系列化，体现了装配式建筑“少规格、多组合”的标准化设计特点。

（2）装配化、集成化：模块化建筑单元的设计既充分考虑了自身功能的独立，又考虑了与整体布局的融合。小型模块单元，可在工厂中进行预制生产，完成后运输至现场通过水平与垂直方向不同的组合方式，形成具备病房、卫生间、缓冲间、病人走廊、医护走廊等不同功能分区的病区模块单元。这种设计理念与传统装配式建筑不同，不仅实现了具有独立功能的模块化建筑单元的工业化生产，而且可将独立的建筑单元快速组装成具有更大空间的建筑。此外，模块化建筑单元还可进一步缩短施工时间。

2. 安全性原则

安全性是项目的核心原则之一，它涵盖了患者、医护人员、后勤保障人员及社区居民的生理安全和心理安全的需求。

（1）结构安全：抗震设计，依据当地的抗震设防要求，方舱医院结构设计应考虑地震因素，兼顾防火性能设计，使用符合消防规范的防火建筑材料降低火灾风险。其次，应考虑现场双层厢房之间的铆接关系符合结构安全性能。

（2）火灾安全：根据使用功能的不同，按照一层一个防火分区或一栋楼一个防火分区的设计原则进行设计，确保每个防火分区的疏散满足规范的要求，每个防火分区内根据建筑防火分区及单栋建筑体积配备相应的消防设施、设备如灭火器、消火栓等；指定消防逃生通道，在建筑设计之初就需要规划足够的逃生通道并明确标示逃生路线，确保逃生通道畅通无阻。

（3）医疗安全：主要包含运营期间的感染控制以及医疗废物的处理，首先是保证空气流通与过滤，利用机械与自然通风，确保室内外气流的良好循环和过滤，尤其在室内污染区。由于医疗废弃物带有致病物质，因此需要经过严格的消杀处理，同时处理设施还应远离人群密集场所与地下水源，避免出现二次感染。

（4）电气安全：电气系统的设计要符合国家及当地的规定和标准，同时还需要具备过载保护、漏电保护等安全保护措施。

（5）紧急应对措施：建立快速响应的紧急联络网络，包括内部通信和与外部救援机构的沟通，确保在突发危急事件时，保证内外通信正常。还应结合电气设计，设置紧急备用系统，确保有备用能源系统，如发电机或电池组，以应对电力中断。在断电时提供足够的应急照明，并有清晰的应急出口标识。

设计原则

3. 适应性设计原则

（1）灵活性与延展性原则：主要是针对功能空间布局，借助模块化标准化设计的灵活性，以适应不同的医疗和非医疗需求。院前区、收治区、卫生通过区、清洁工作区等能够根据实际需要增减调整。

（2）环境适应设计原则：方舱医院的设计虽然采用预制化装配式，构件和模块采用标准化生产，但是从设计角度来说，不应该采用“一刀切”的范式套用到所有的项目中，而是应该基于不同地区的气候情况与地形地质进行适应性设计，例如考虑适应多种气候条件，如炎热、寒冷或多雨环境，通过使用适当的绝缘材料和恒温系统，同时根据不同地区的环境做好拼接部位及出屋面管道的防水设计。

（3）技术的灵活性与可升级性原则：方舱医院的电力、供水、暖通空调和医疗设备应遵循国家标准，以便于在不同地区部署和使用。同时还应该考虑随着医学和建筑技术的发展，方舱的设计应该考虑到未来的技术升级，比如提供足够的预留空间和接口，方便后期添加新的医疗设备，使医院可以随着需求进行技术迭代与升级。

4. 人情化与环境友好原则

方舱医院的设计和管理需要同时考虑到患者、医务人员的生理、心理需求以及环境的可持续性。方舱医院虽然是临时应急设施，但是其设计和运作都应该尽可能地模拟常规医院环境，满足使用需求的同时，为患者提供较为良好的康复环境，保障工作人员工作环境相对舒适与安全，同时将对自然环境的影响降至最低。

（1）人性化设计原则：首先是隐私保护，即使在有限的空间内，也应通过合理的布局确保患者的隐私，避免外界的干扰影响患者恢复；其次是心理支持，设计时考虑颜色、照明和视觉元素，以创造宁静舒适的环境。第三是辅助功能设置，为满足不同患者的需求，应包括无障碍设计，如轮椅通道、残疾人专用卫生间等。

（2）环境友好原则：通过采用模块化、标准化的设计及施工原则，使各个配件具有较强的通用性与适应性，在生产过程中将对环境的影响大大降低。施工过程采用装配式、标准化施工，降低施工过程中对环境的影响。运营过程中，严格按照设计的功能流线进行管理，降低医疗废弃物、生活垃圾对用地内及周边环境的影响。同时，院内的污水通过院内污水处理站处理达标后排放至市政污水管网，避免对城市管网造成污染。

5. 急转平策略

方舱医院的建设各不相同，所有方舱医院以“物尽其用”为原则进行设计。临时性方舱医院为临时性建筑，采用全装配式。每个病房单位设施齐全，由病房单位组成的病房单元分区明确。平时病房部分可作为宿舍或者特色宾馆、酒店来使用，作为方舱的工作区可作为公共活动及宿舍服务区来使用。集中的餐厨等空间平时亦可为宿舍提供餐饮服务。

总平面图

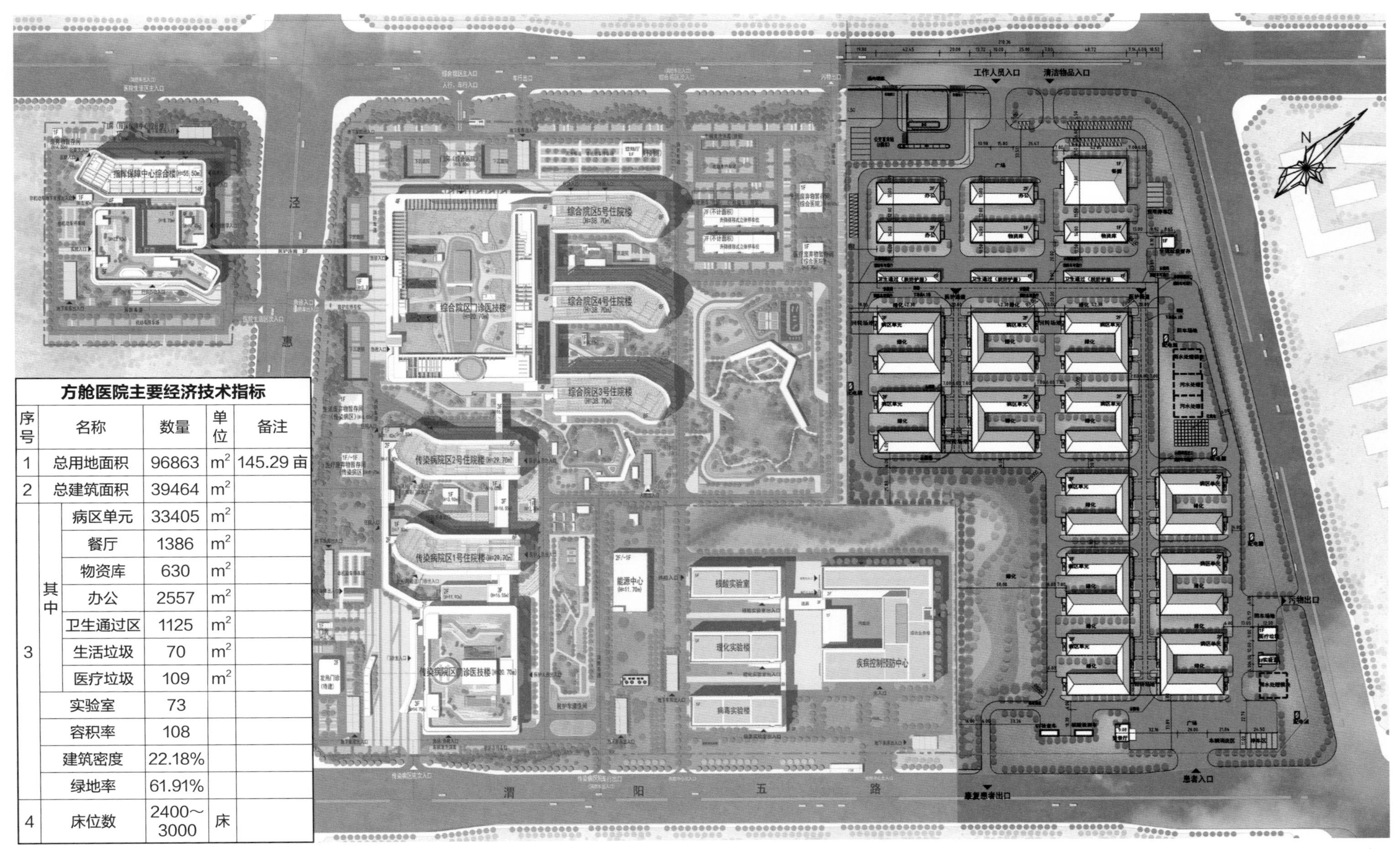

序号	名称		数量	单位	备注
1	总用地面积		96863	m^2	145.29 亩
2	总建筑面积		39464	m^2	
3	其中	病区单元	33405	m^2	
		餐厅	1386	m^2	
		物资库	630	m^2	
		办公	2557	m^2	
		卫生通过区	1125	m^2	
		生活垃圾	70	m^2	
		医疗垃圾	109	m^2	
	实验室		73		
	容积率		108		
	建筑密度		22.18%		
	绿地率		61.91%		
4	床位数		2400～3000	床	

方舱院区共设病区单元12个，每个病区单元设有病房100间，均为2～3人间。每个病区单元设置床位数200～300床，院区总计2400～3000床。

功能分析图

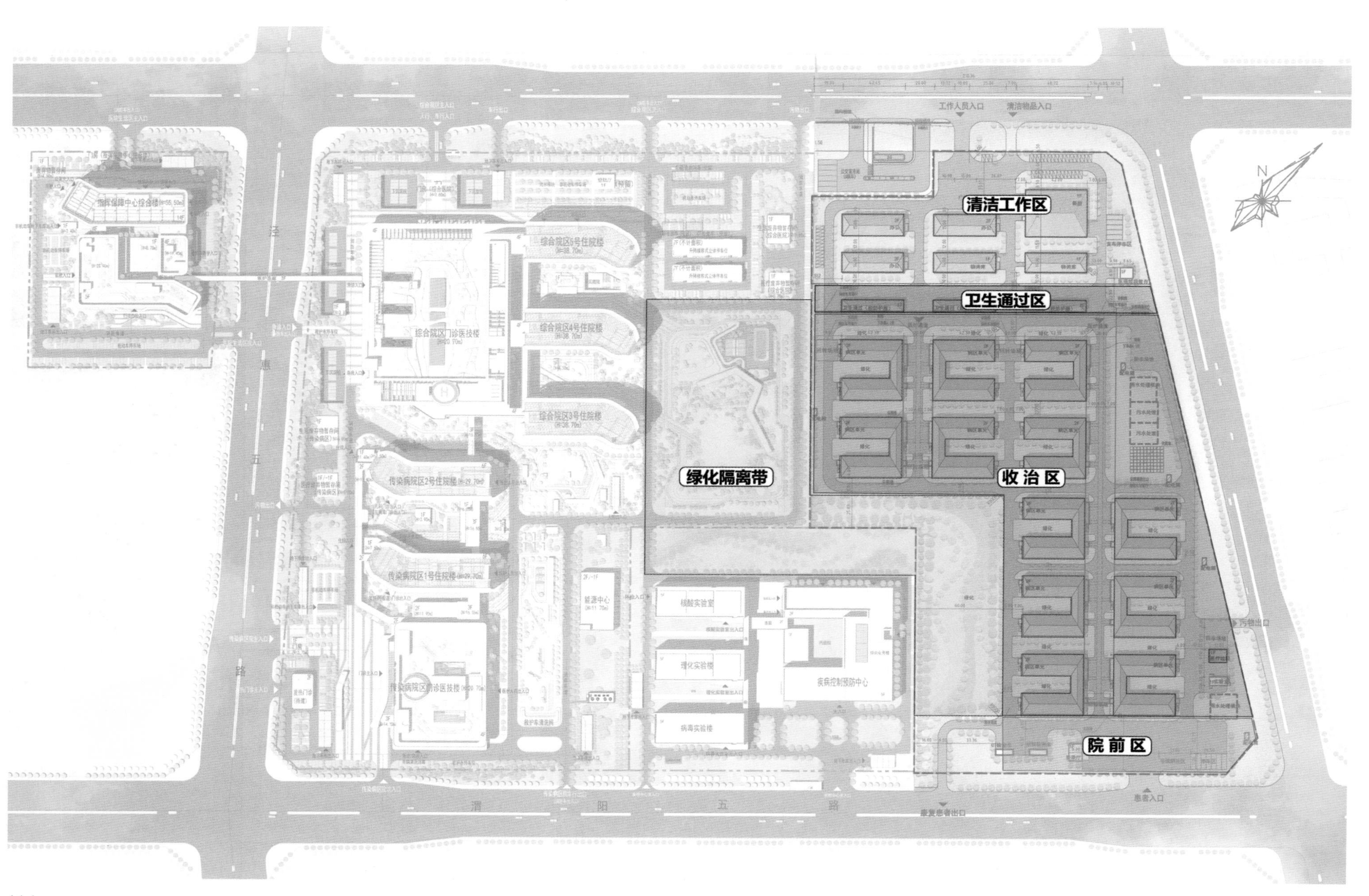

道路出入口分析图

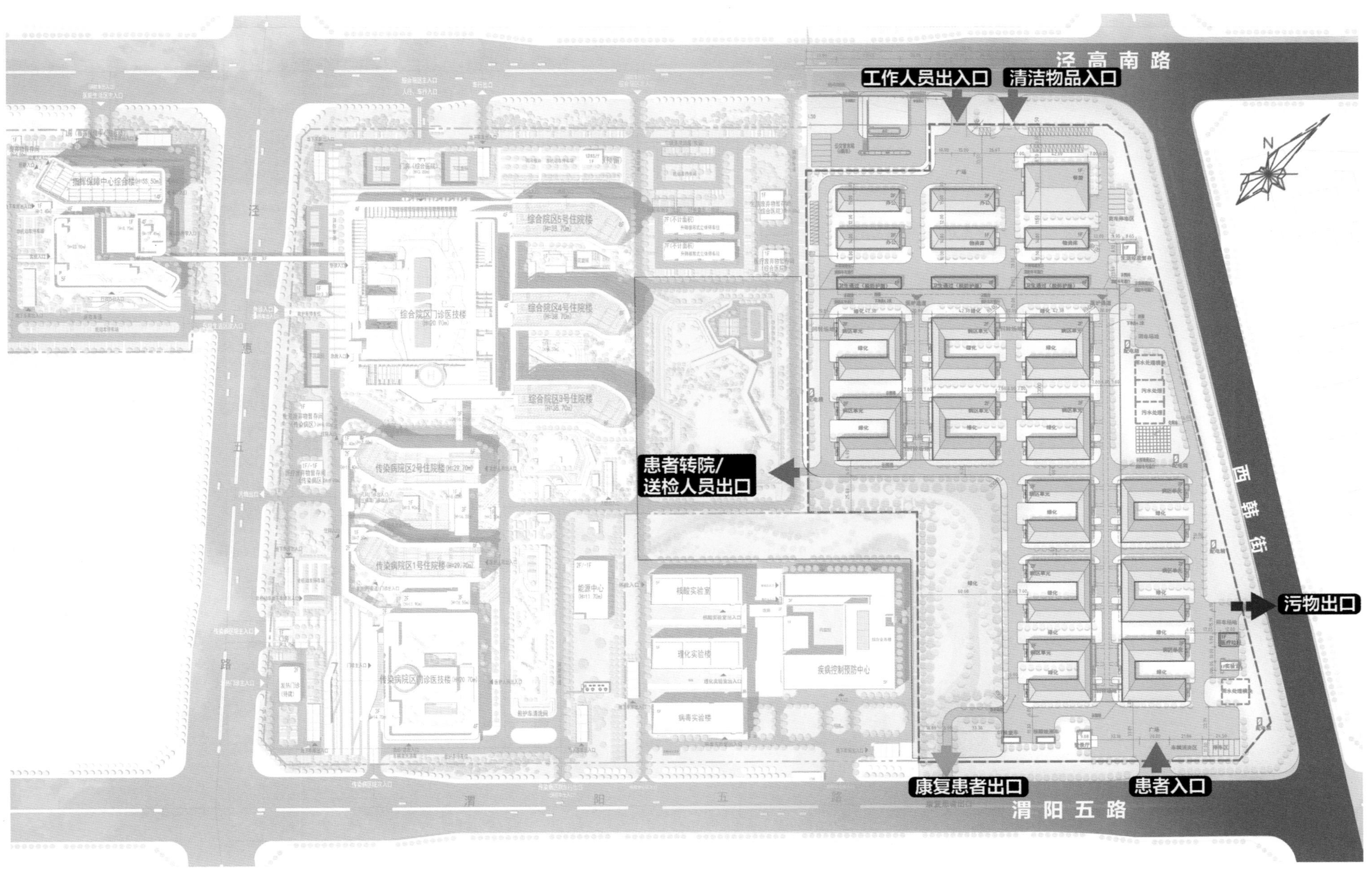
泾高南路
工作人员出入口
清洁物品入口
患者转院/
送检人员出口
污物出口
康复患者出口
患者入口
渭阳五路
西韩街
泾惠五路
N

流线分析图

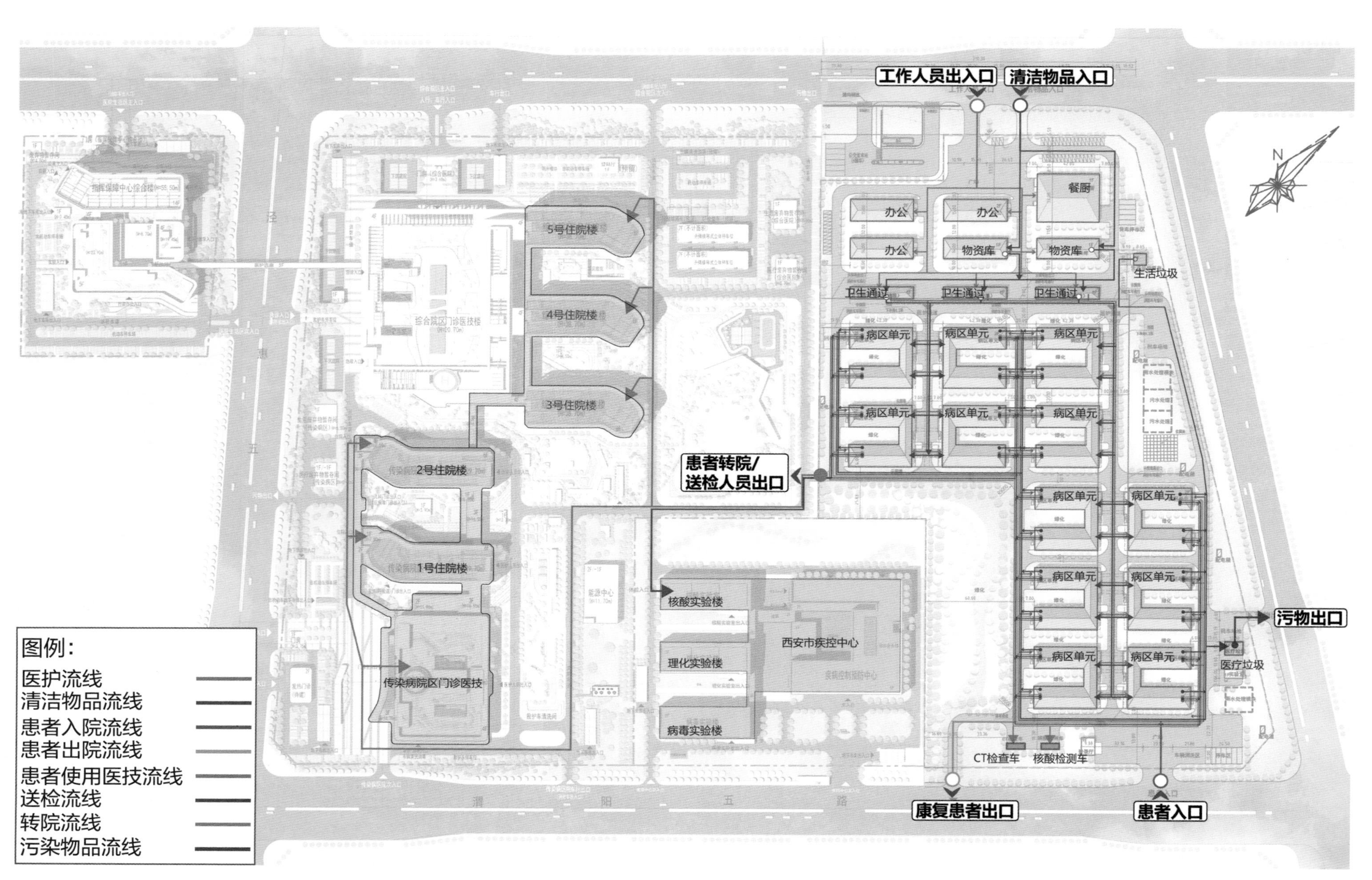
工作人员出入口
清洁物品入口
餐厨
办公
办公
办公
物资库
物资库
生活垃圾
卫生通过
卫生通过
卫生通过
病区单元
病区单元
病区单元
病区单元
病区单元
病区单元
病区单元
病区单元
病区单元
病区单元
病区单元
病区单元
患者转院/
送检人员出口
污物出口
医疗垃圾
CT检查车
核酸检测车
康复患者出口
患者入口
5号住院楼
4号住院楼
3号住院楼
2号住院楼
1号住院楼
传染病院区门诊医技
核酸实验楼
理化实验楼
病毒实验楼
西安市疾控中心
图例：
医护流线
清洁物品流线
患者入院流线
患者出院流线
患者使用医技流线
送检流线
转院流线
污染物品流线

安全间距分析图

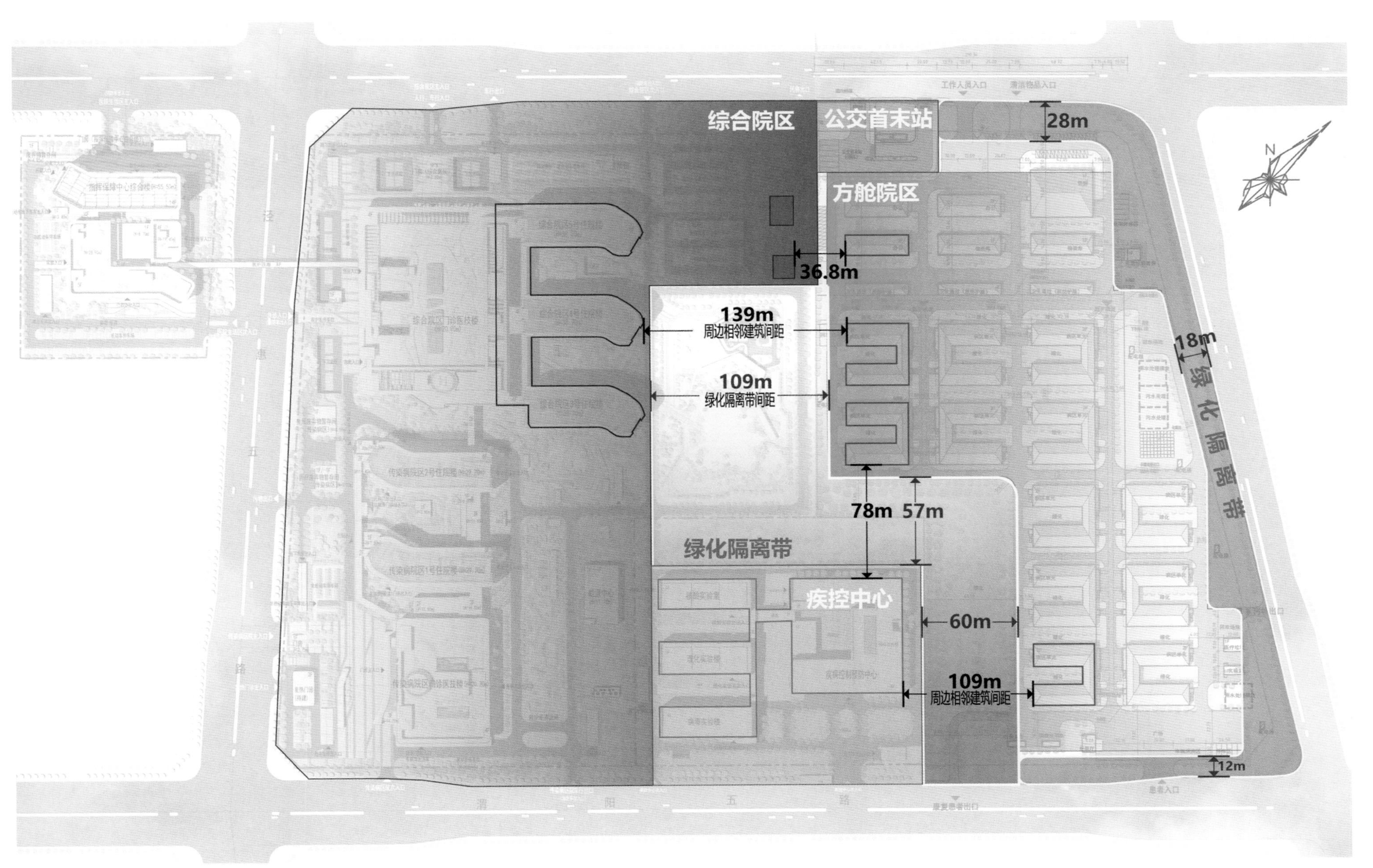
综合院区
公交首末站
28m
N
方舱院区
36.8m
139m
周边相邻建筑间距
109m
绿化隔离带间距
18m
绿化隔离带
78m
57m
绿化隔离带
疾控中心
60m
109m
周边相邻建筑间距
12m

建筑间距分析

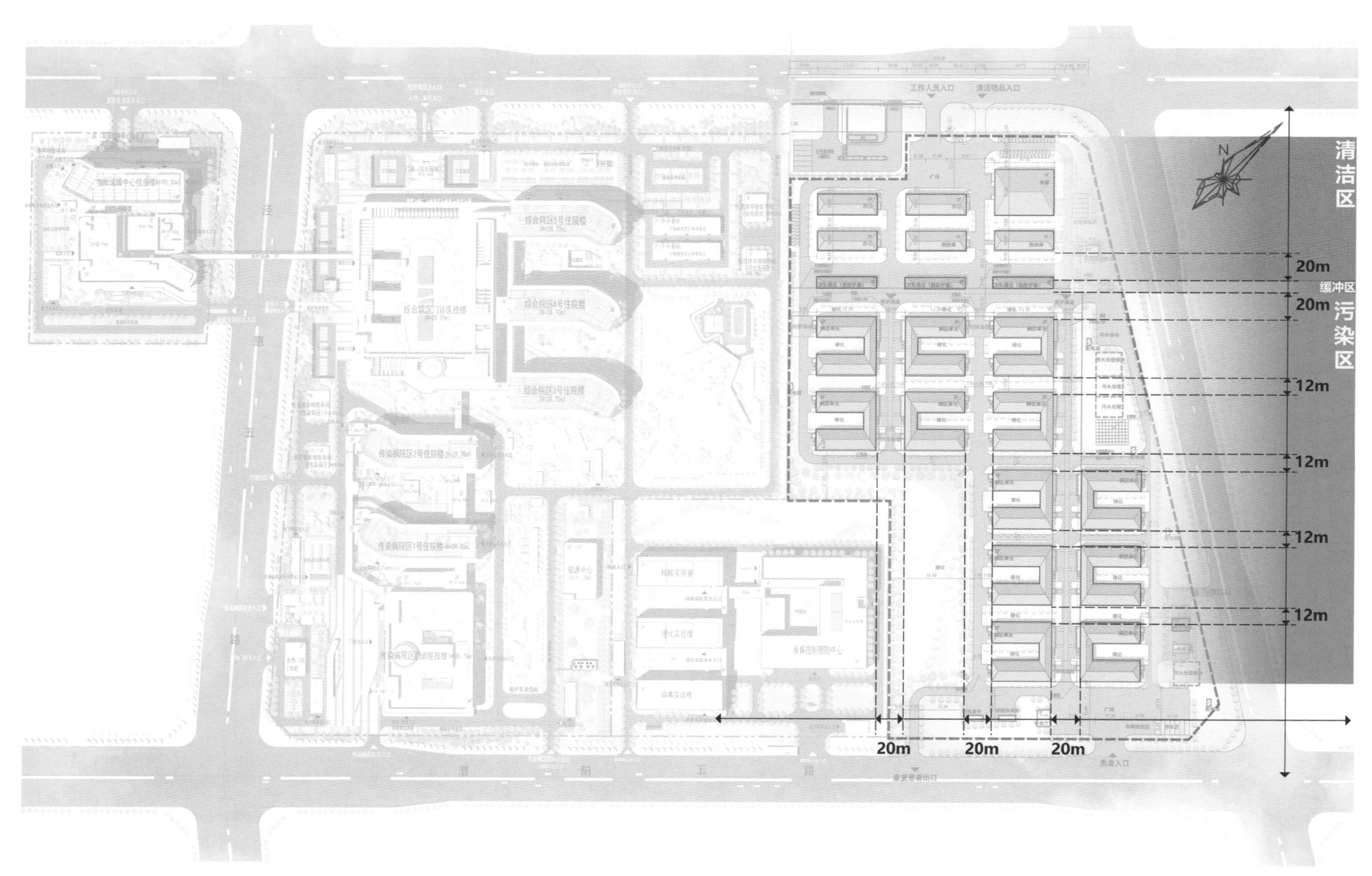

绿化分析

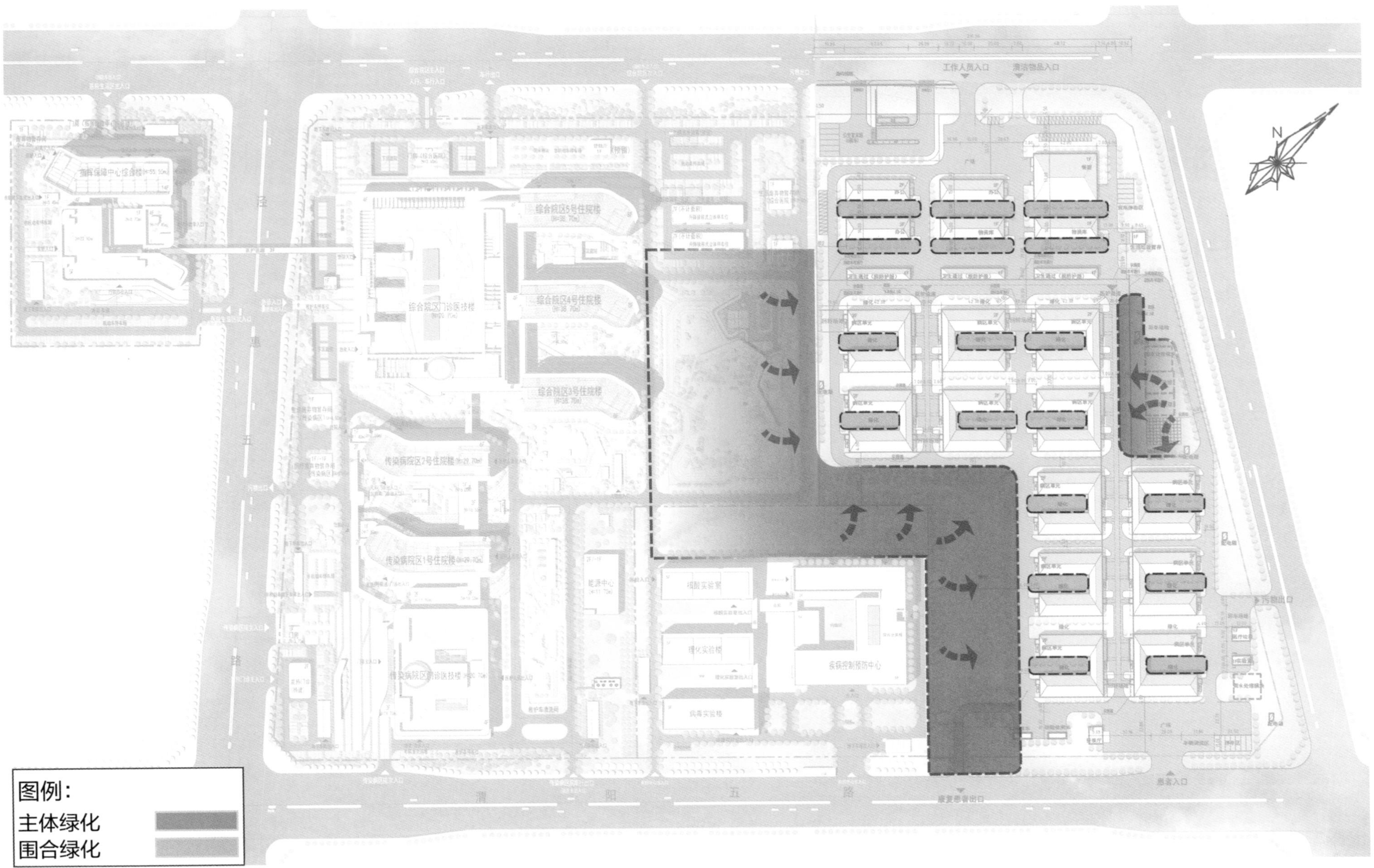
工作人员入口
清洁物品入口
综合院区5号住院楼
综合院区4号住院楼
综合院区3号住院楼
综合院区门诊医技楼
传染病院区2号住院楼
传染病院区1号住院楼
传染病院区门诊医技楼
能源中心
理化实验楼
病毒实验楼
疾病控制预防中心
污物出口
患者入口
康复患者出口
渭 阳 五 路
N
图例：
主体绿化
围合绿化

消防分析

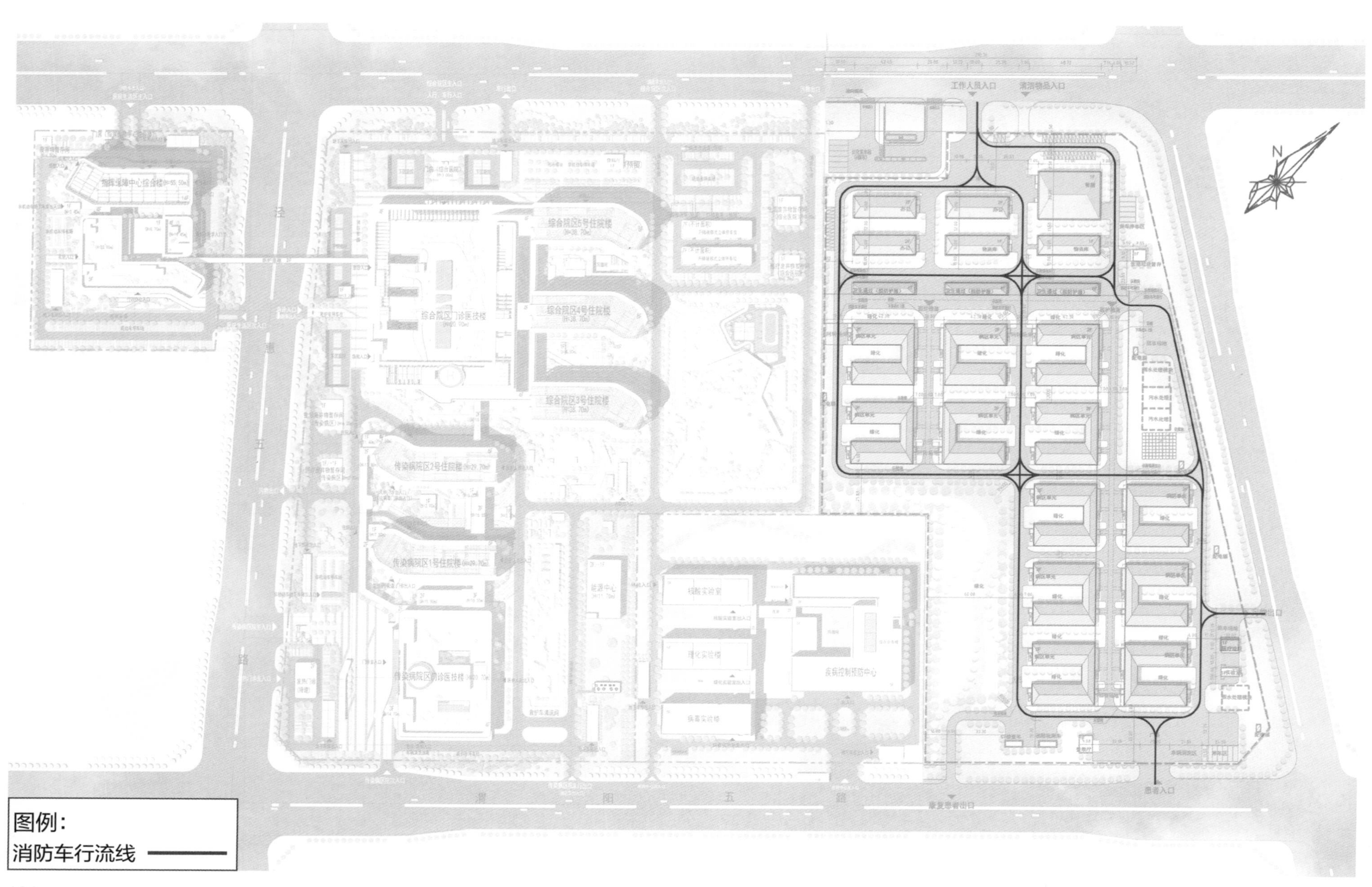
工作人员入口
清洁物品入口
综合院区5号住院楼
综合院区4号住院楼
综合院区3号住院楼
综合院区门诊医技楼
传染病院区2号住院楼
传染病院区1号住院楼
传染病院区门诊医技楼
疾病控制预防中心
理化实验楼
病毒实验楼
能源中心
患者入口
康复患者出口
渭
阳
五
路
N
图例:
消防车行流线

管线分析

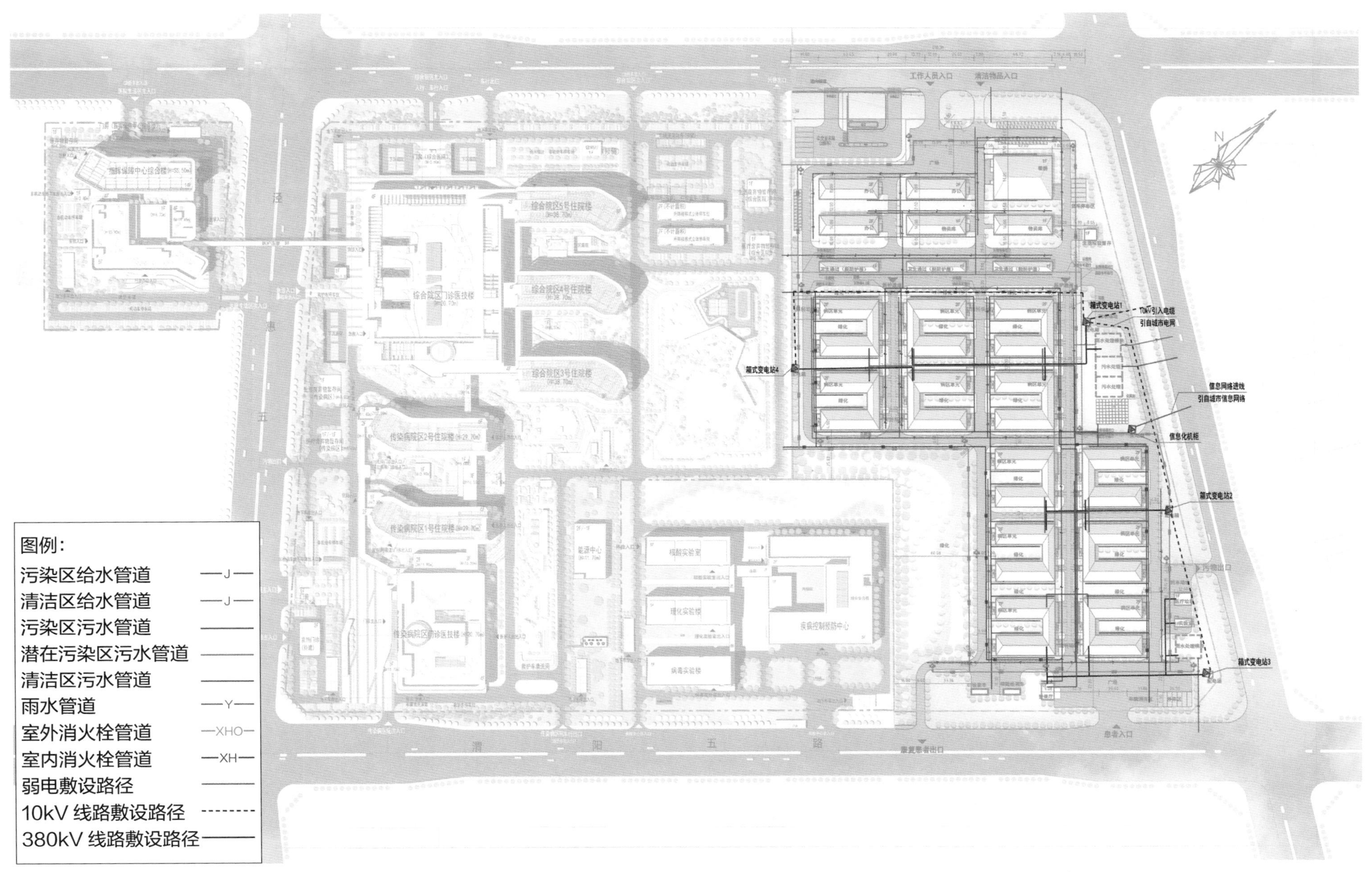
图例：
污染区给水管道 —J—
清洁区给水管道 —J—
污染区污水管道
潜在污染区污水管道
清洁区污水管道
雨水管道 —Y—
室外消火栓管道 —XHO—
室内消火栓管道 —XH—
弱电敷设路径
10kV 线路敷设路径
380kV 线路敷设路径
工作人员入口
清洁物品入口
箱式变电站1
10kV引入电缆
引自城市电网
箱式变电站4
信息网络进线
引自城市信息网络
信息化机柜
箱式变电站2
箱式变电站3
污物出口
患者入口
康复患者出口
N

收治单元一层平面图

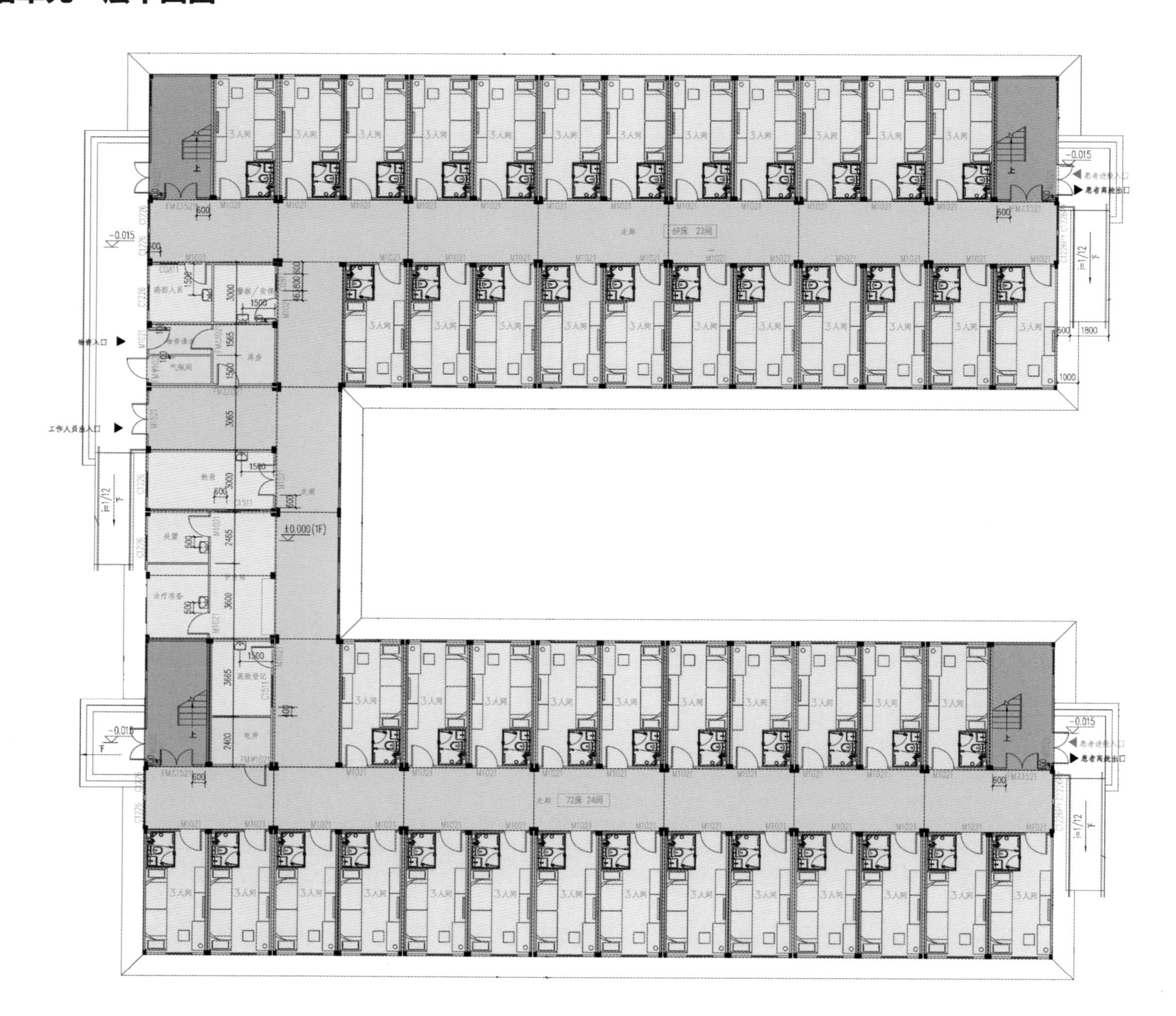

图例：

病房区

工作区

辅助房间

走廊

一层流线分析

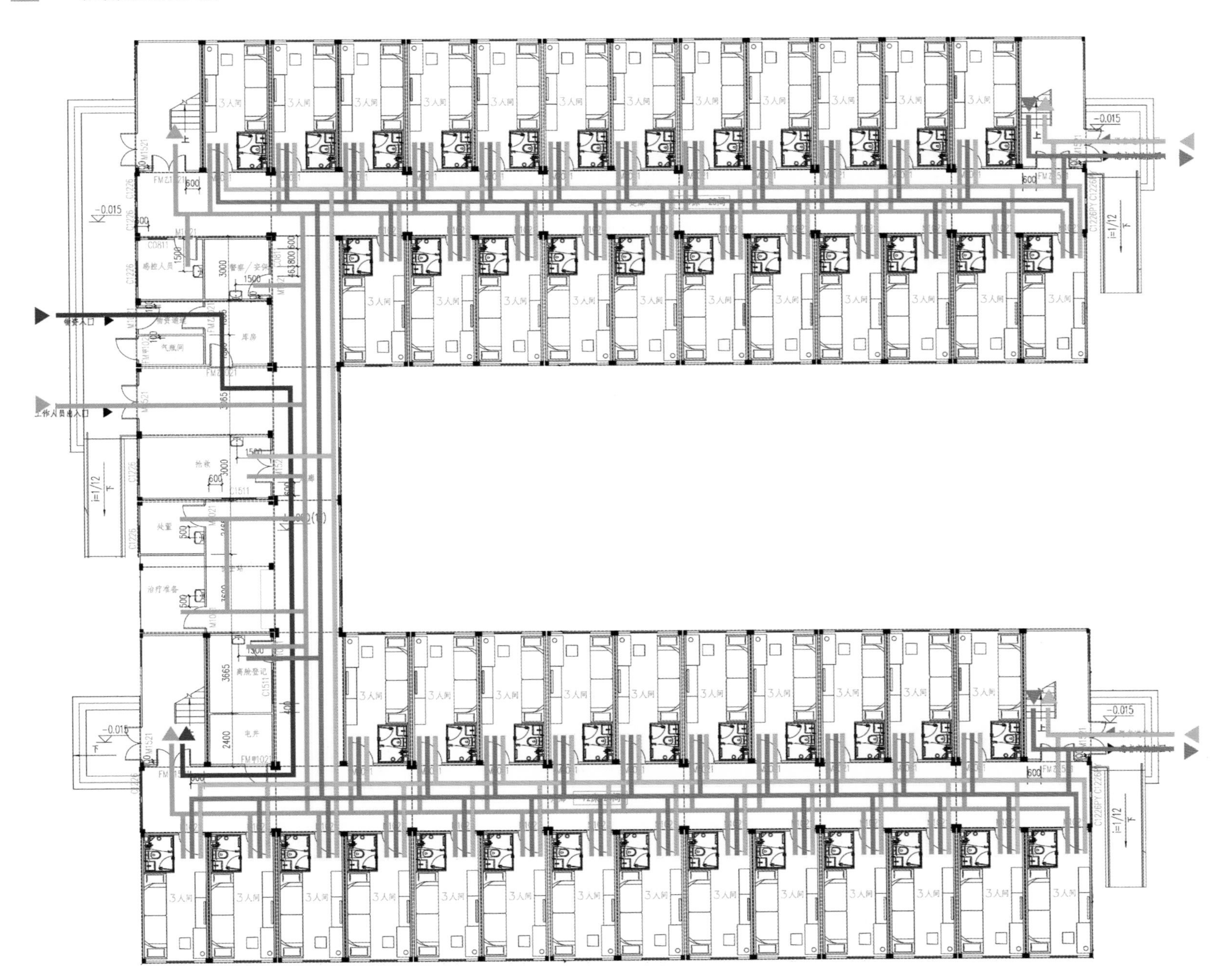

图例：

- 患者进入流线
- 患者离开流线
- 工作人员流线
- 物资流线

收治单元二层平面图

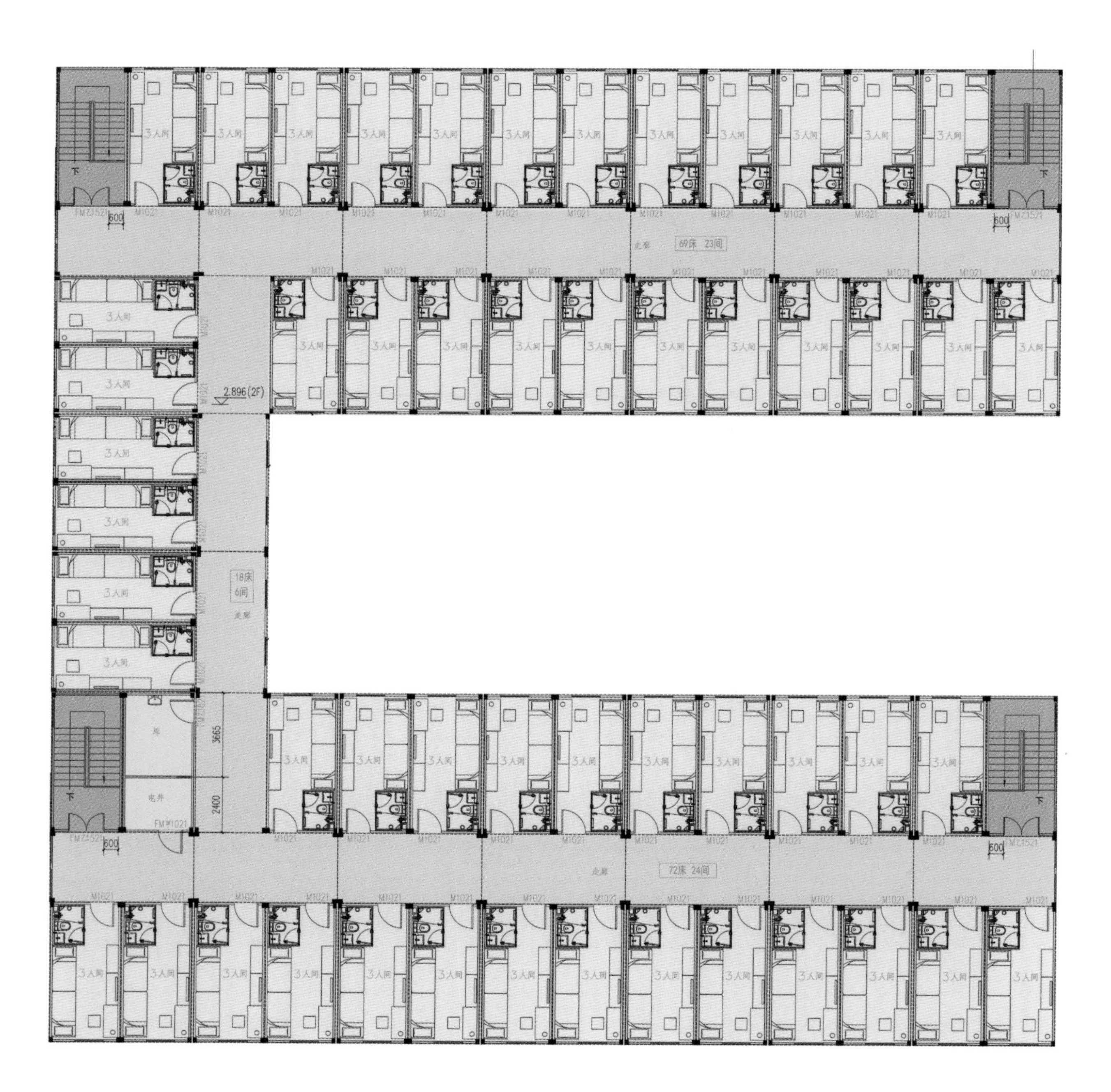

图例：

病房区

辅助房间

走廊

二层流线分析

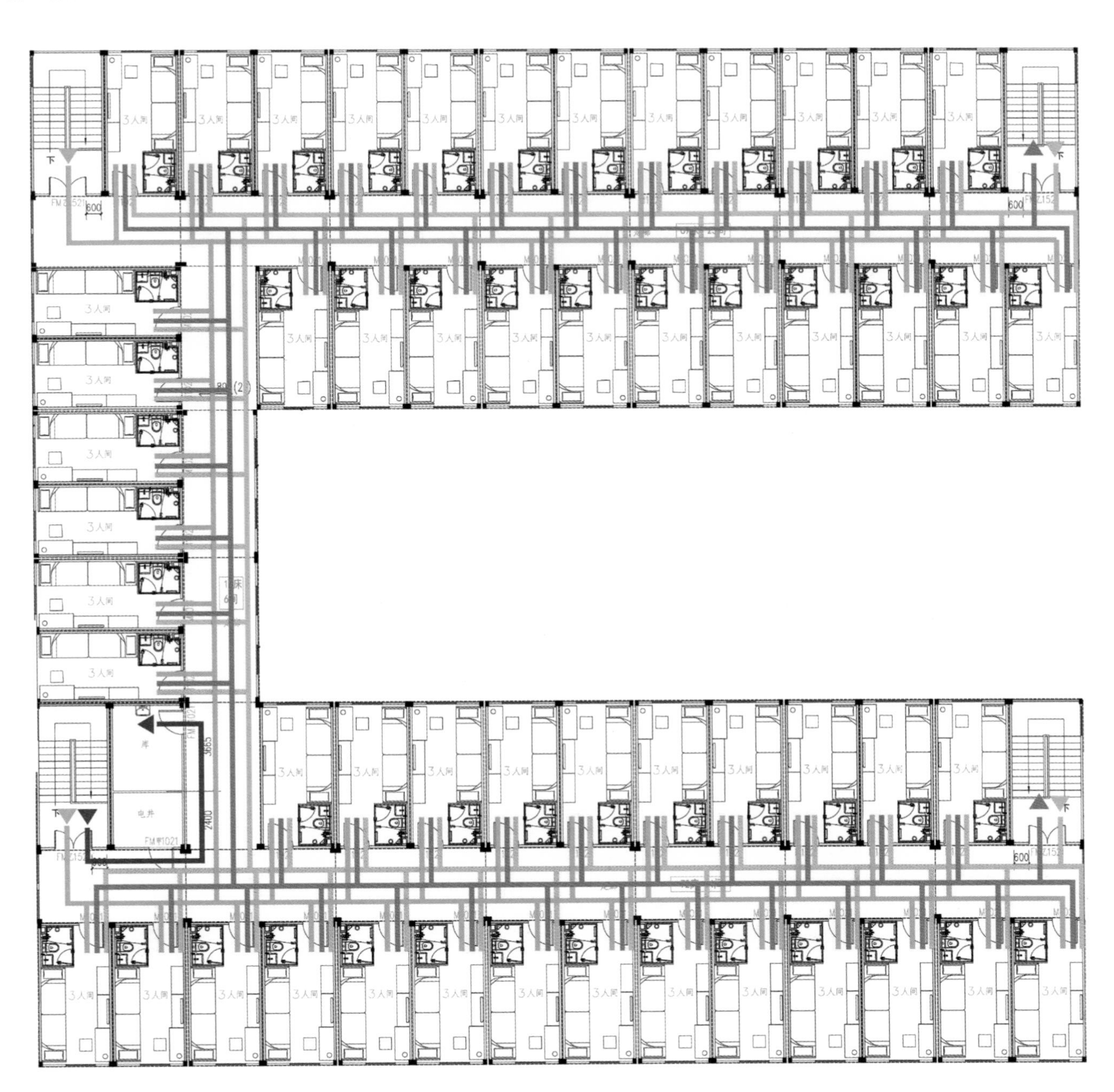

图例：

患者进入流线

患者离开流线

工作人员流线

物资流线

西安市公共卫生中心总平面（含远期规划）

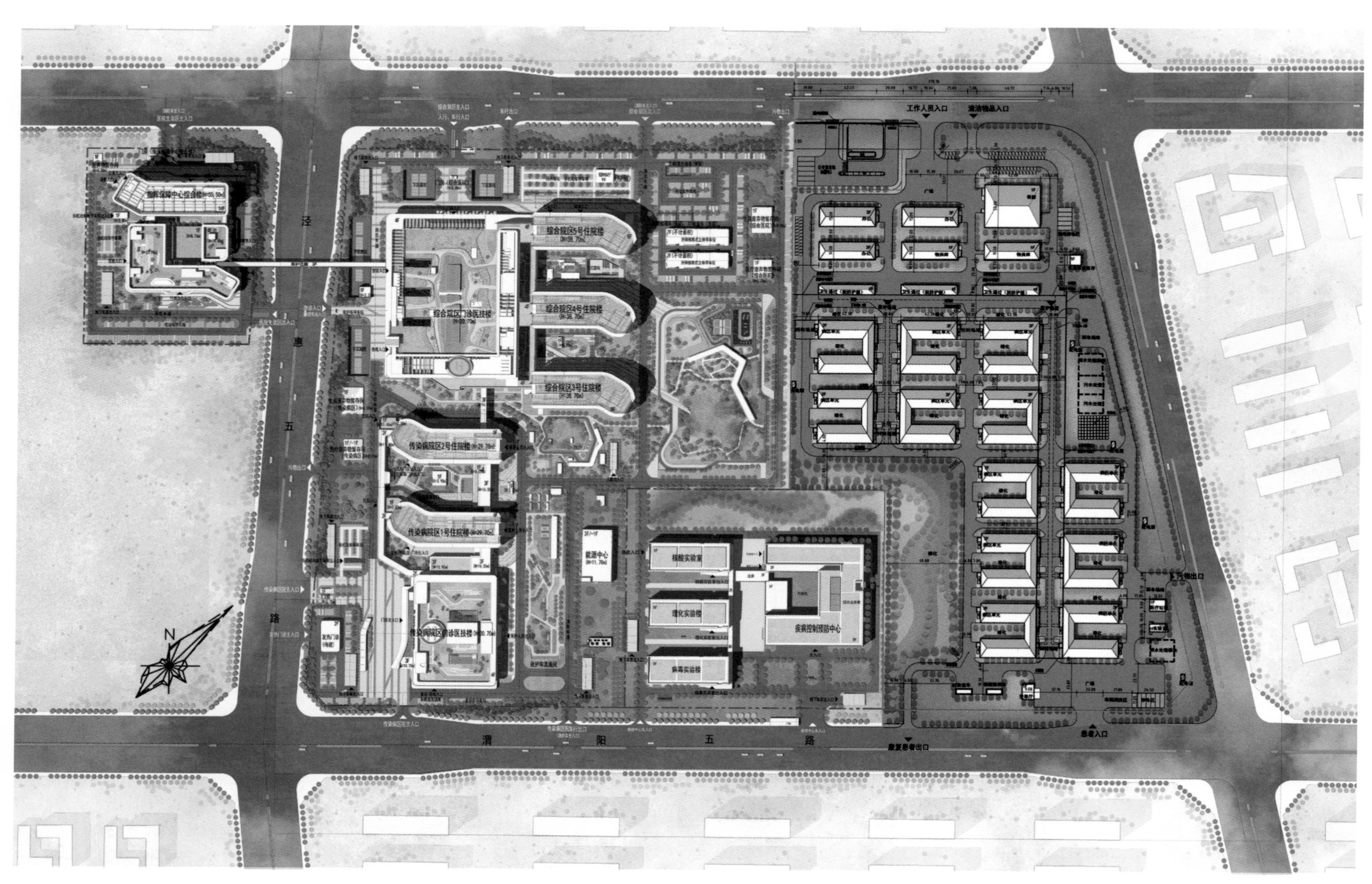

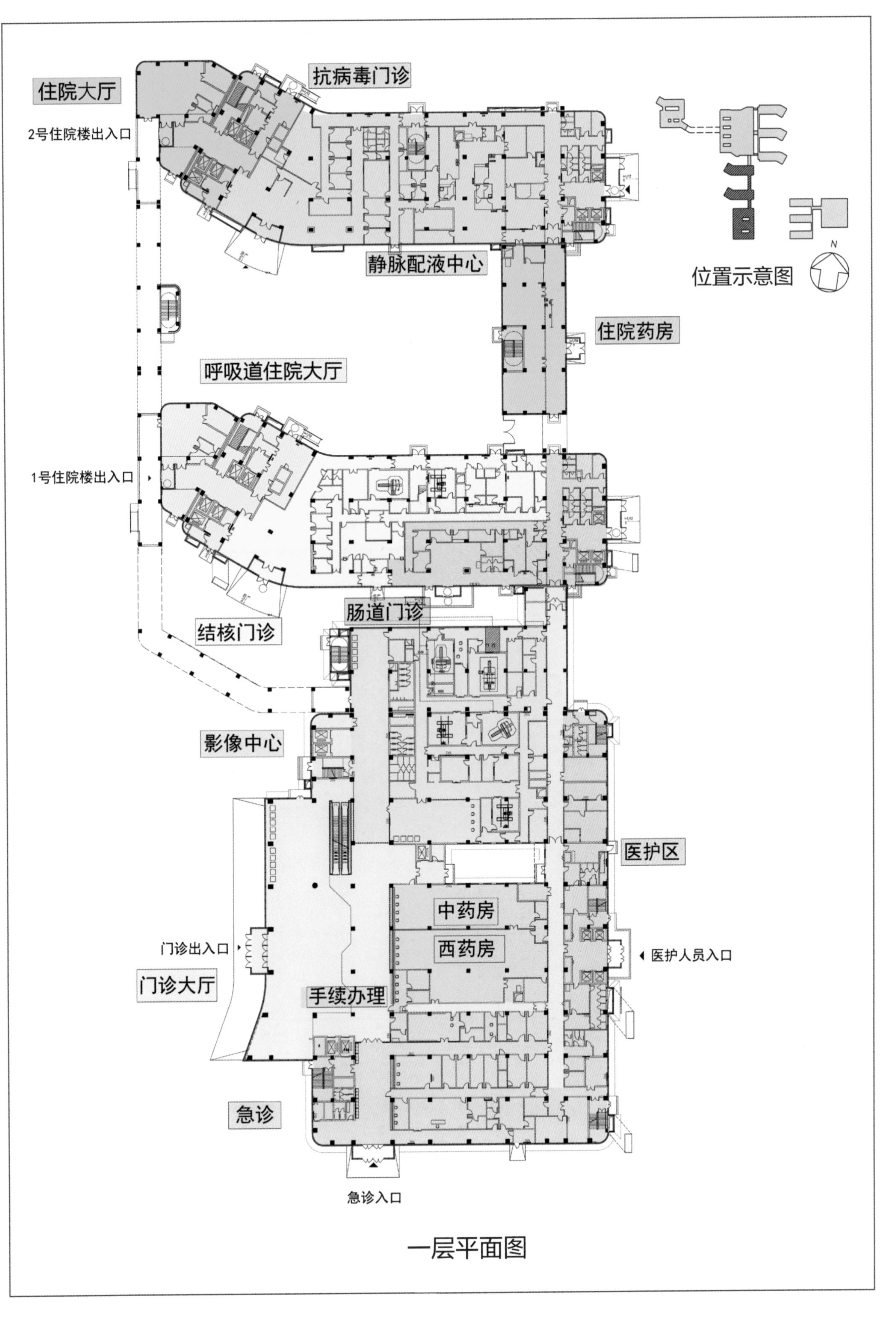

住院大厅
抗病毒门诊
2号住院楼出入口
位置示意图
N
静脉配液中心
住院药房
呼吸道住院大厅
1号住院楼出入口
肠道门诊
结核门诊
影像中心
医护区
中药房
西药房
门诊出入口
医护人员入口
门诊大厅
手续办理
急诊
急诊入口

一层平面图

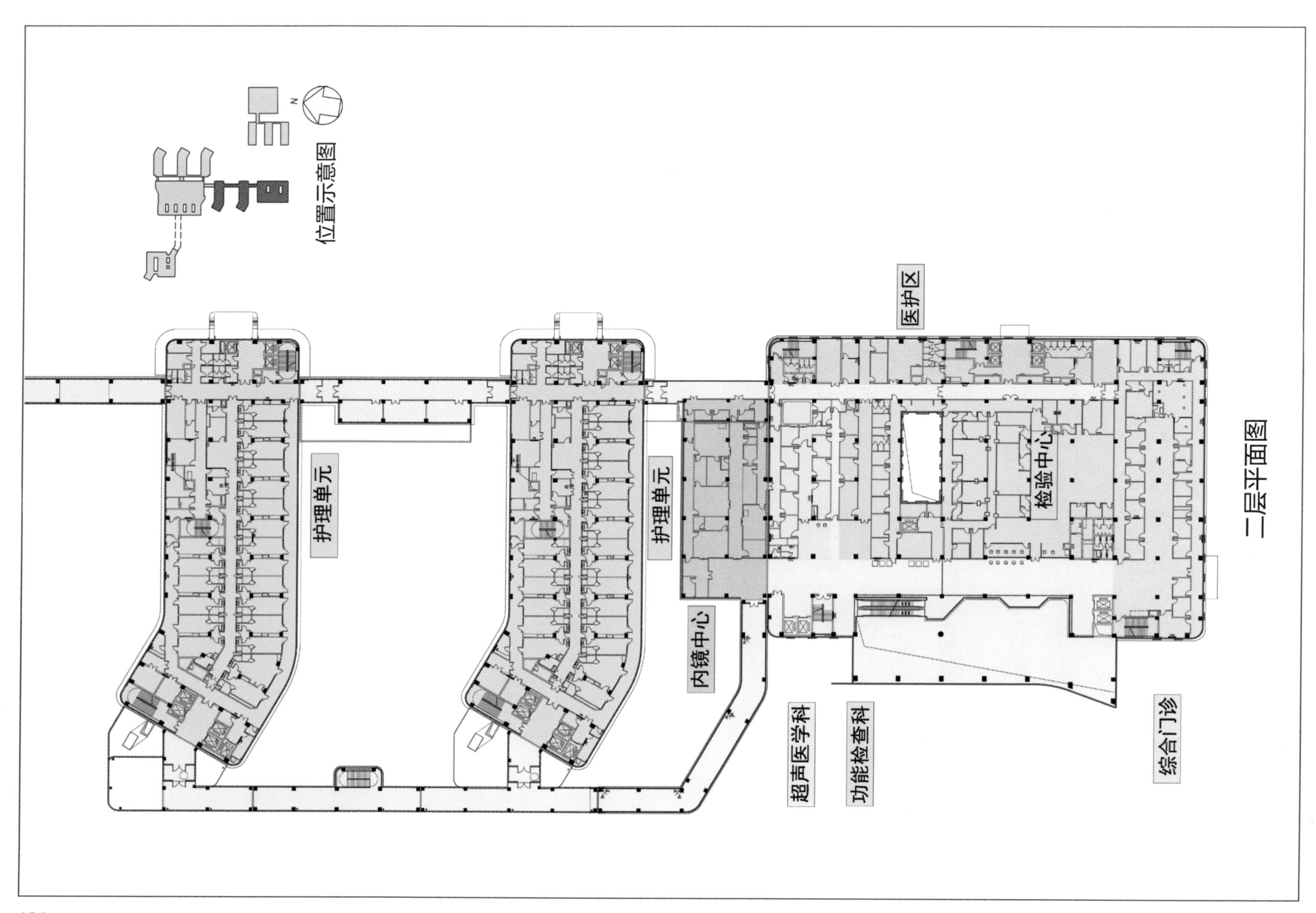
位置示意图
N
医护区
护理单元
护理单元
内镜中心
检验中心
超声医学科
功能检查科
综合门诊
二层平面图

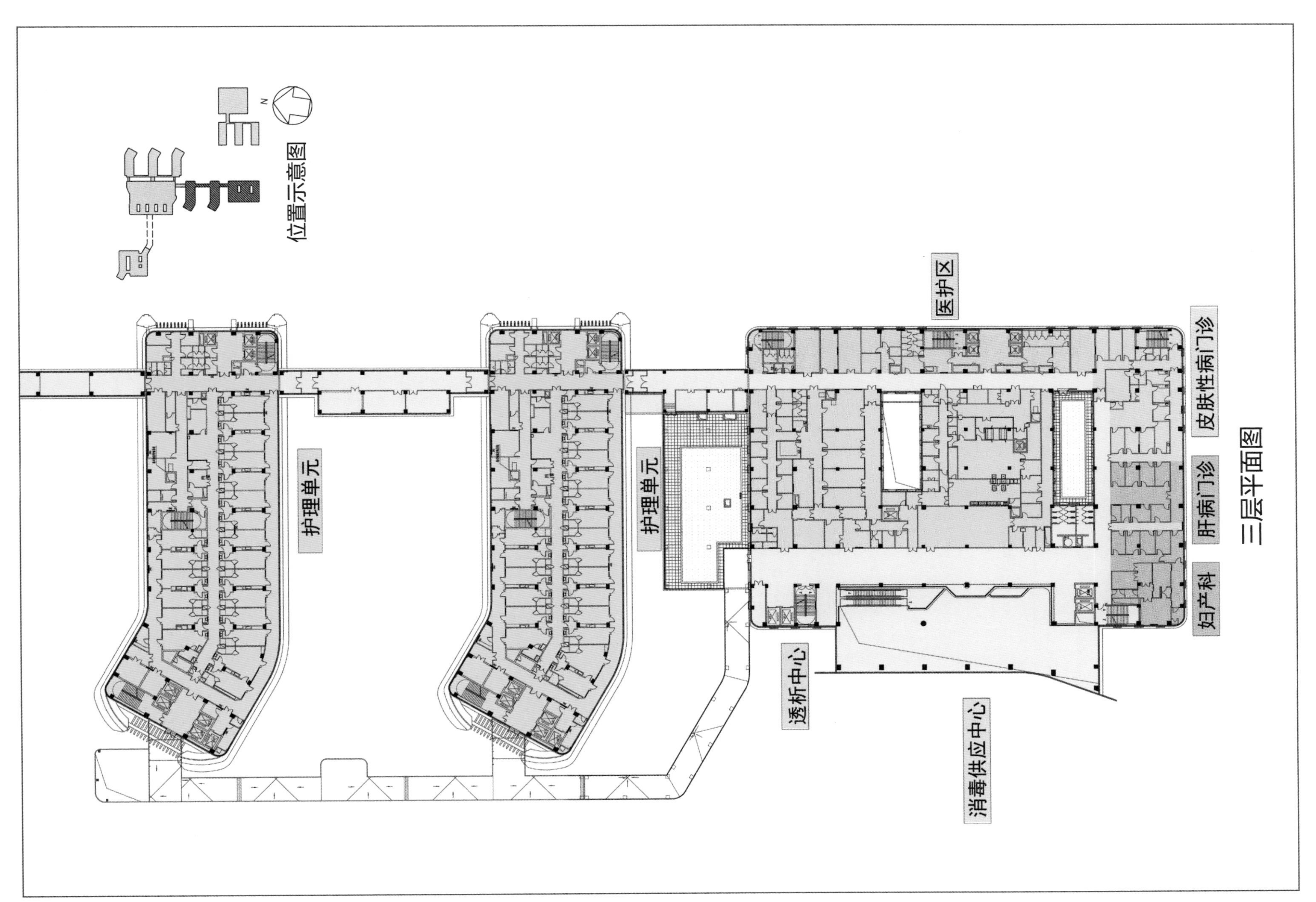

三层平面图

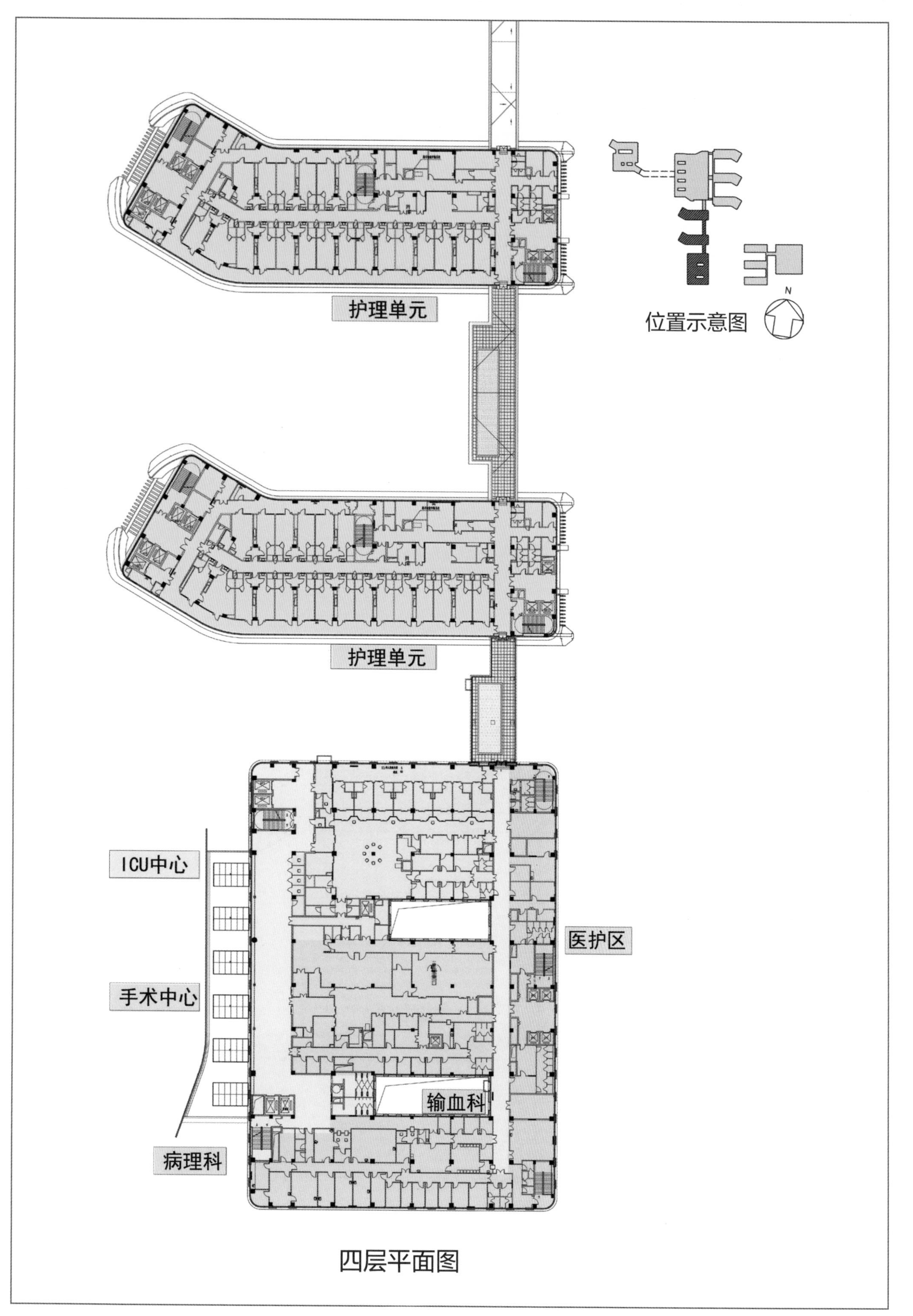

四层平面图

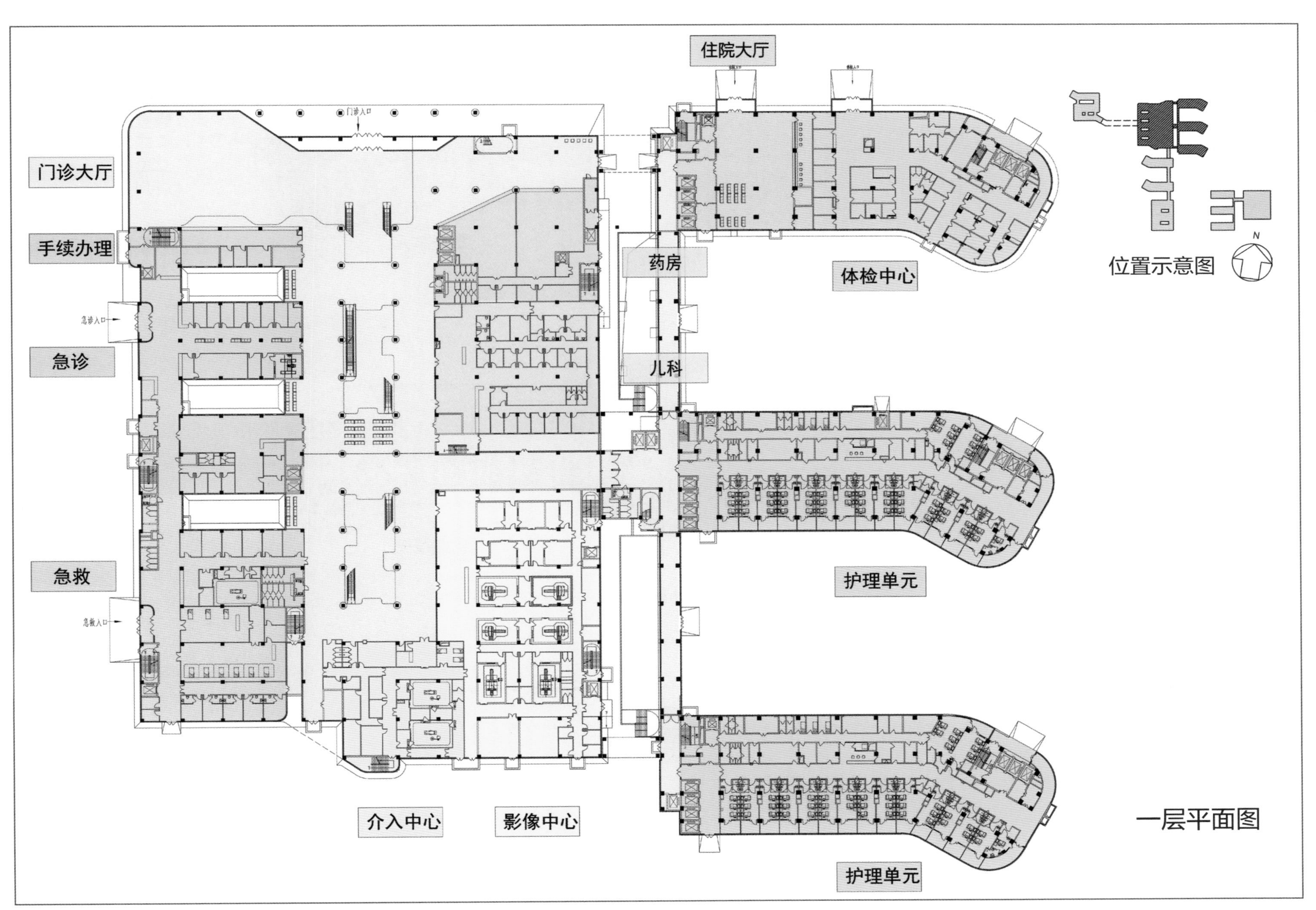
住院大厅
门诊大厅
手续办理
急诊
急救
药房
儿科
体检中心
护理单元
护理单元
介入中心
影像中心
位置示意图
N
一层平面图

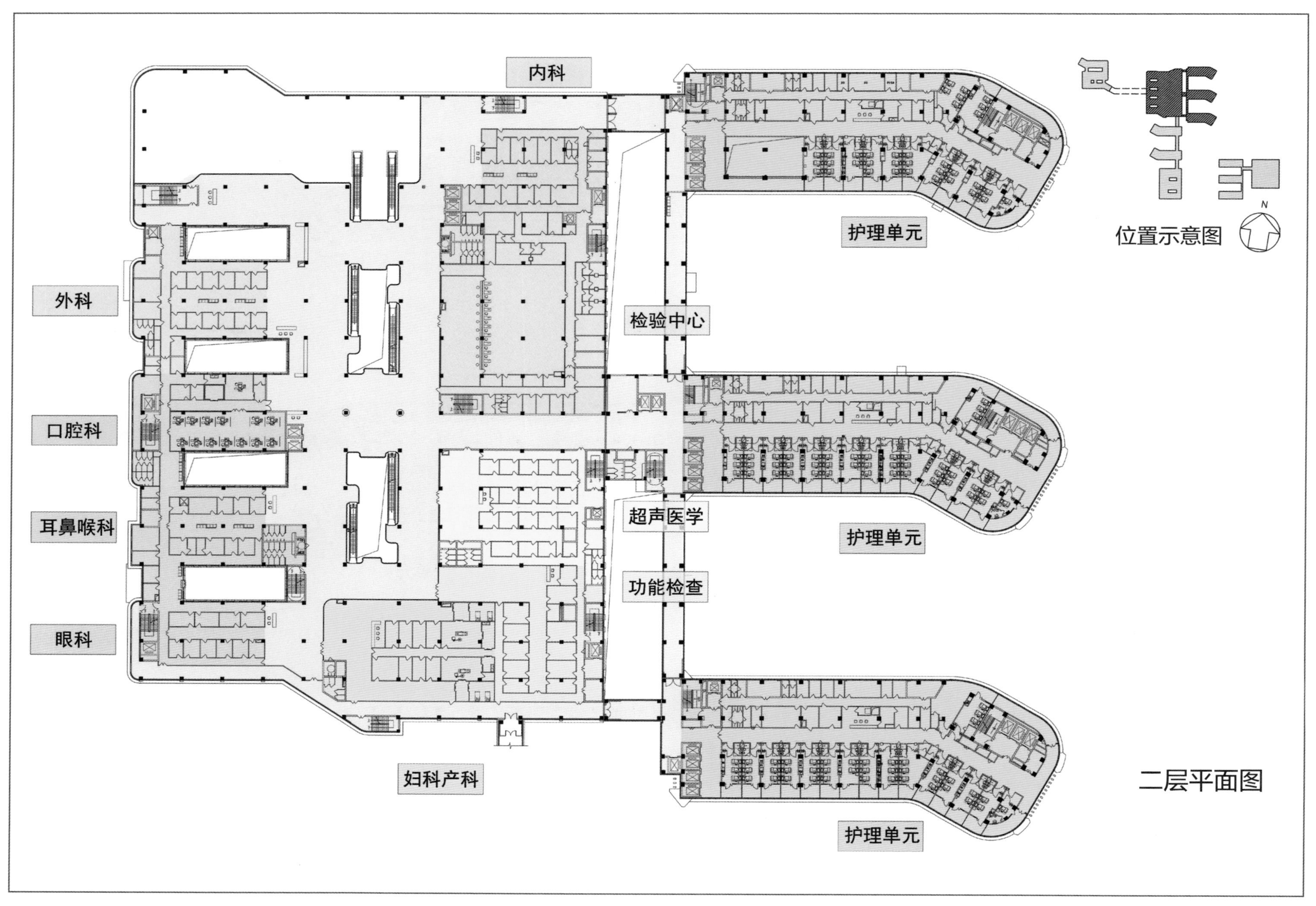
内科
外科
口腔科
耳鼻喉科
眼科
妇科产科
检验中心
超声医学
功能检查
护理单元
护理单元
护理单元
位置示意图
N
二层平面图

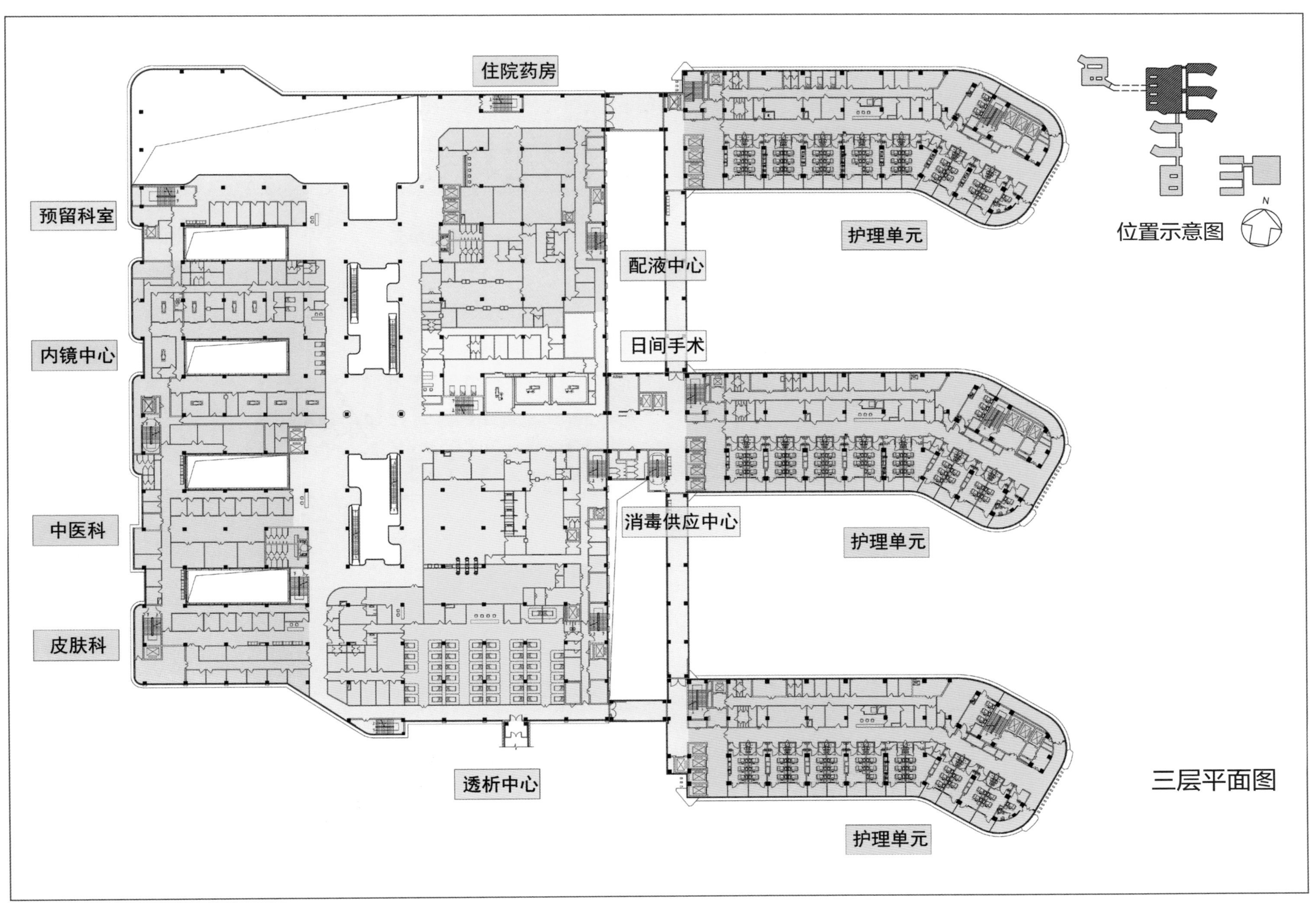
住院药房
预留科室
内镜中心
中医科
皮肤科
透析中心
配液中心
日间手术
消毒供应中心
护理单元
护理单元
护理单元
位置示意图
N
三层平面图

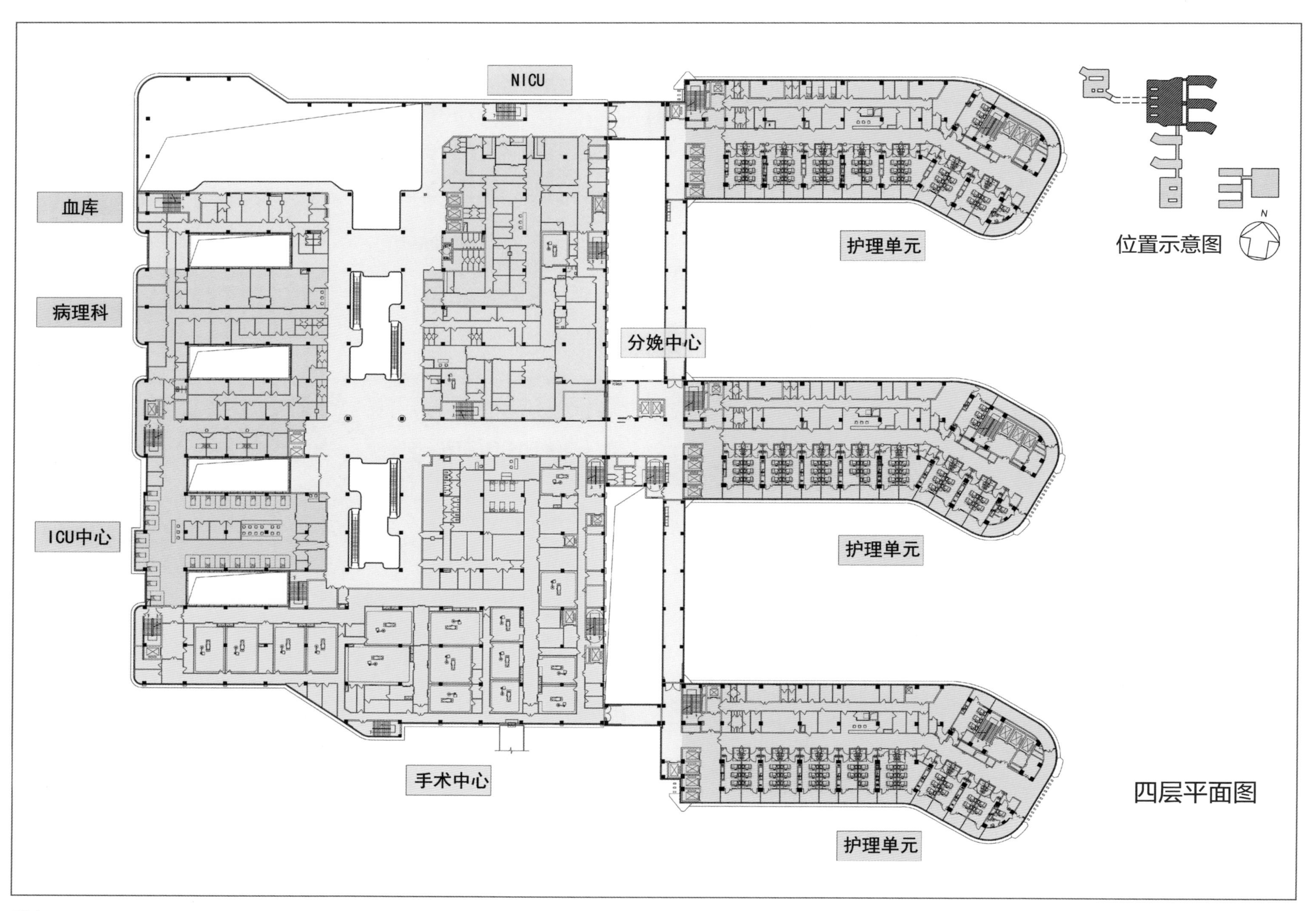
NICU
血库
病理科
分娩中心
ICU中心
手术中心
护理单元
护理单元
护理单元
位置示意图
N
四层平面图

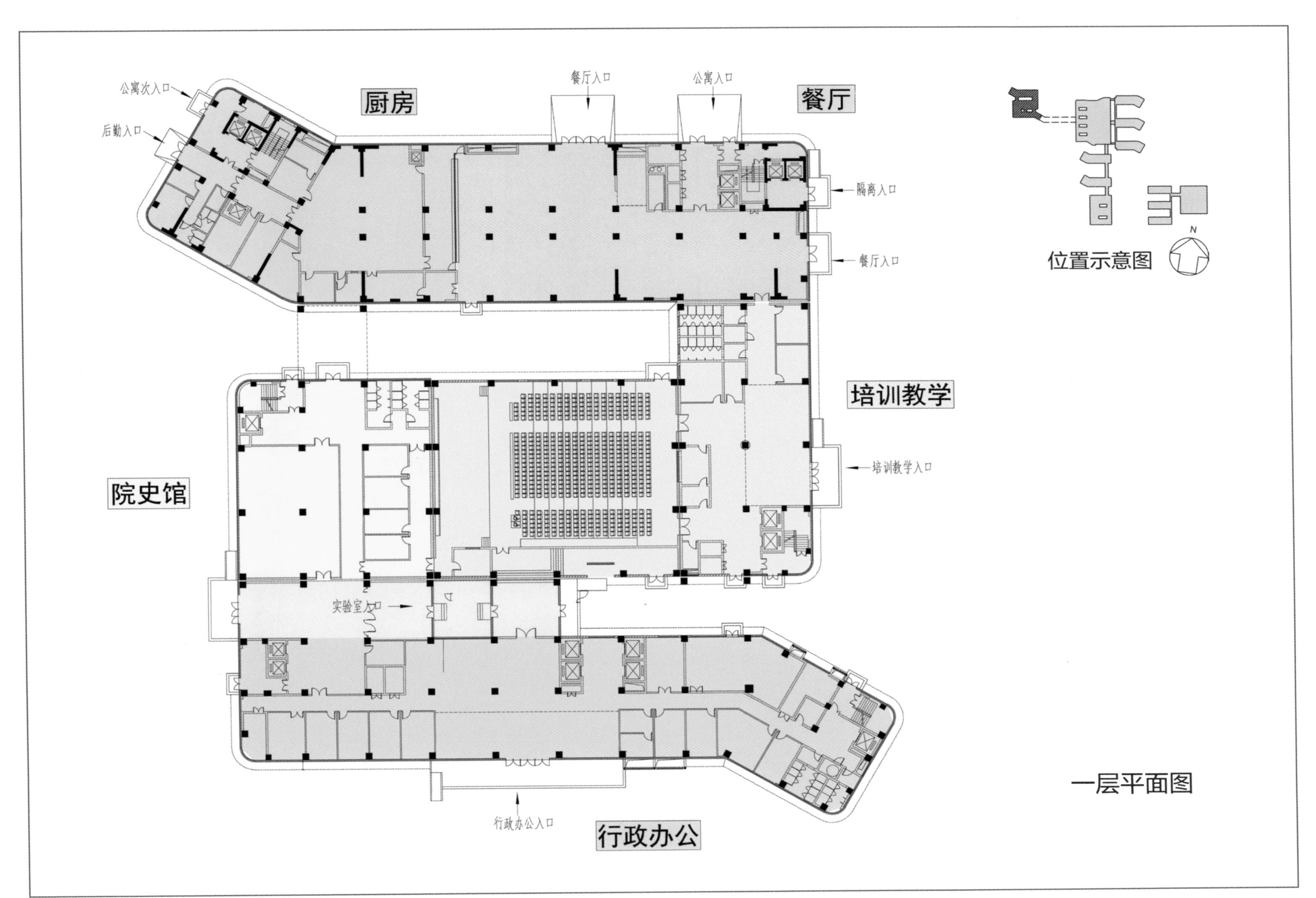
公寓次入口
后勤入口
厨房
餐厅入口
公寓入口
餐厅
隔离入口
餐厅入口
位置示意图
N
培训教学
培训教学入口
院史馆
实验室入口
行政办公入口
行政办公
一层平面图

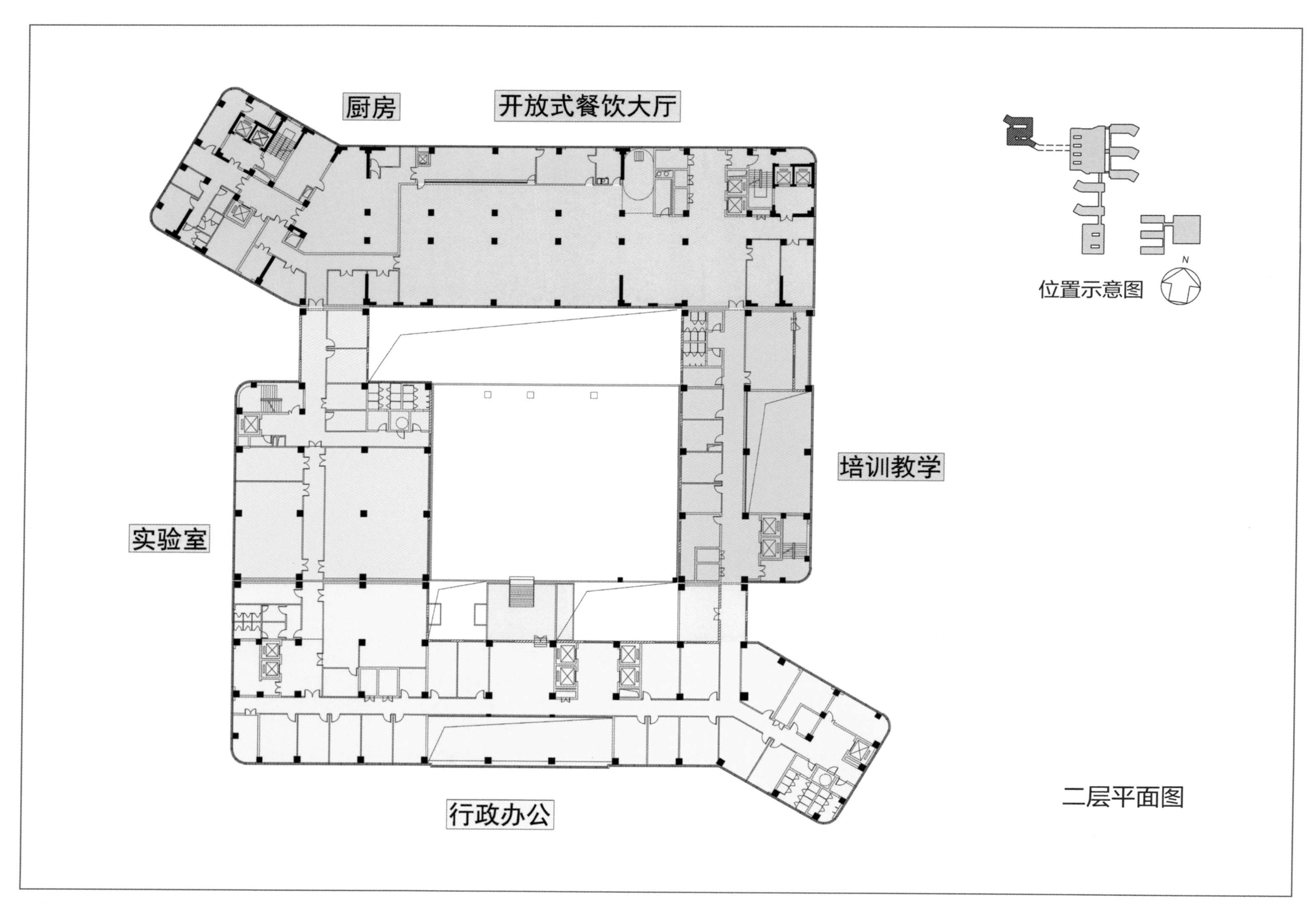
厨房
开放式餐饮大厅
位置示意图
N
培训教学
实验室
行政办公
二层平面图

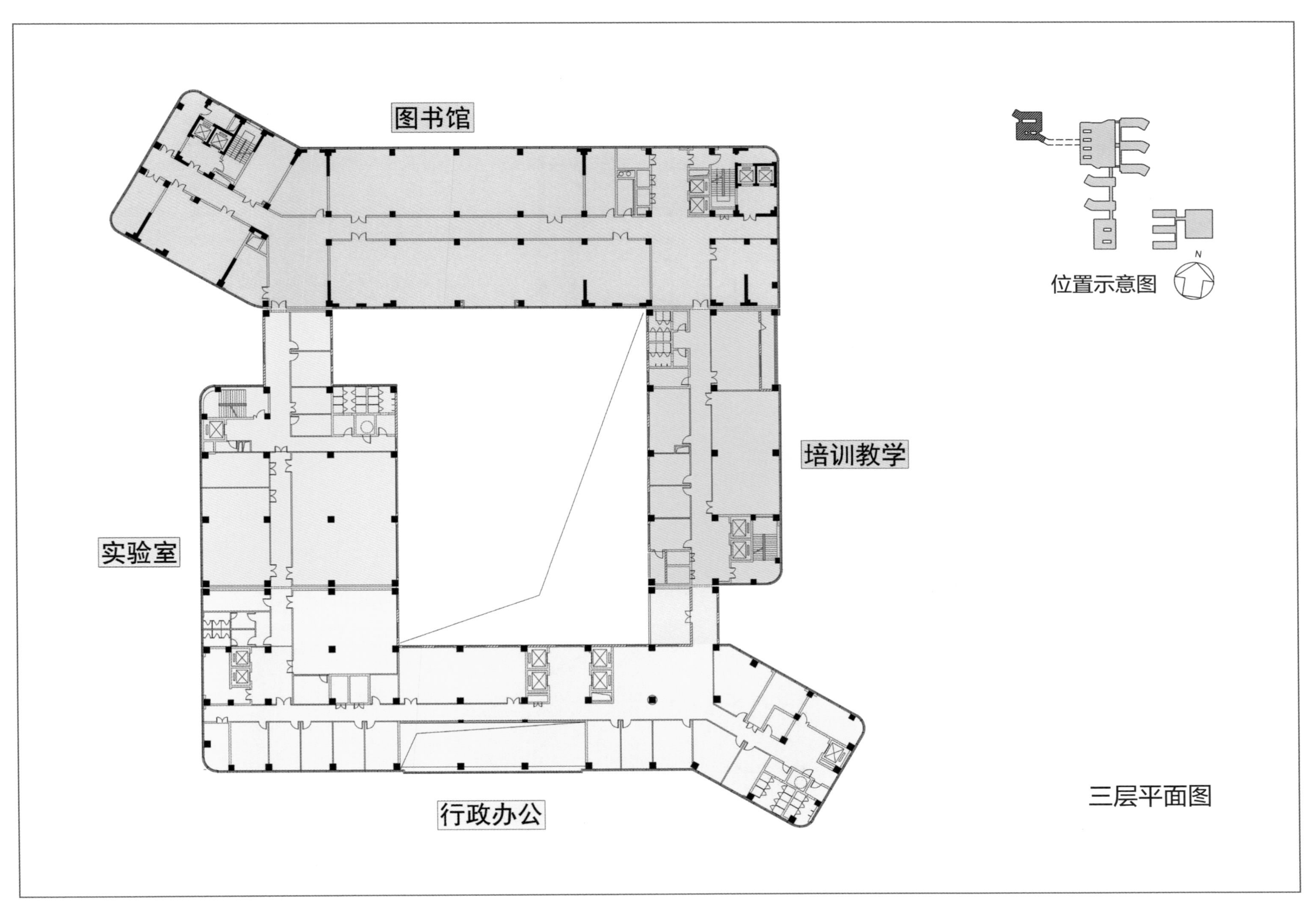
图书馆
培训教学
实验室
行政办公
位置示意图
N
三层平面图

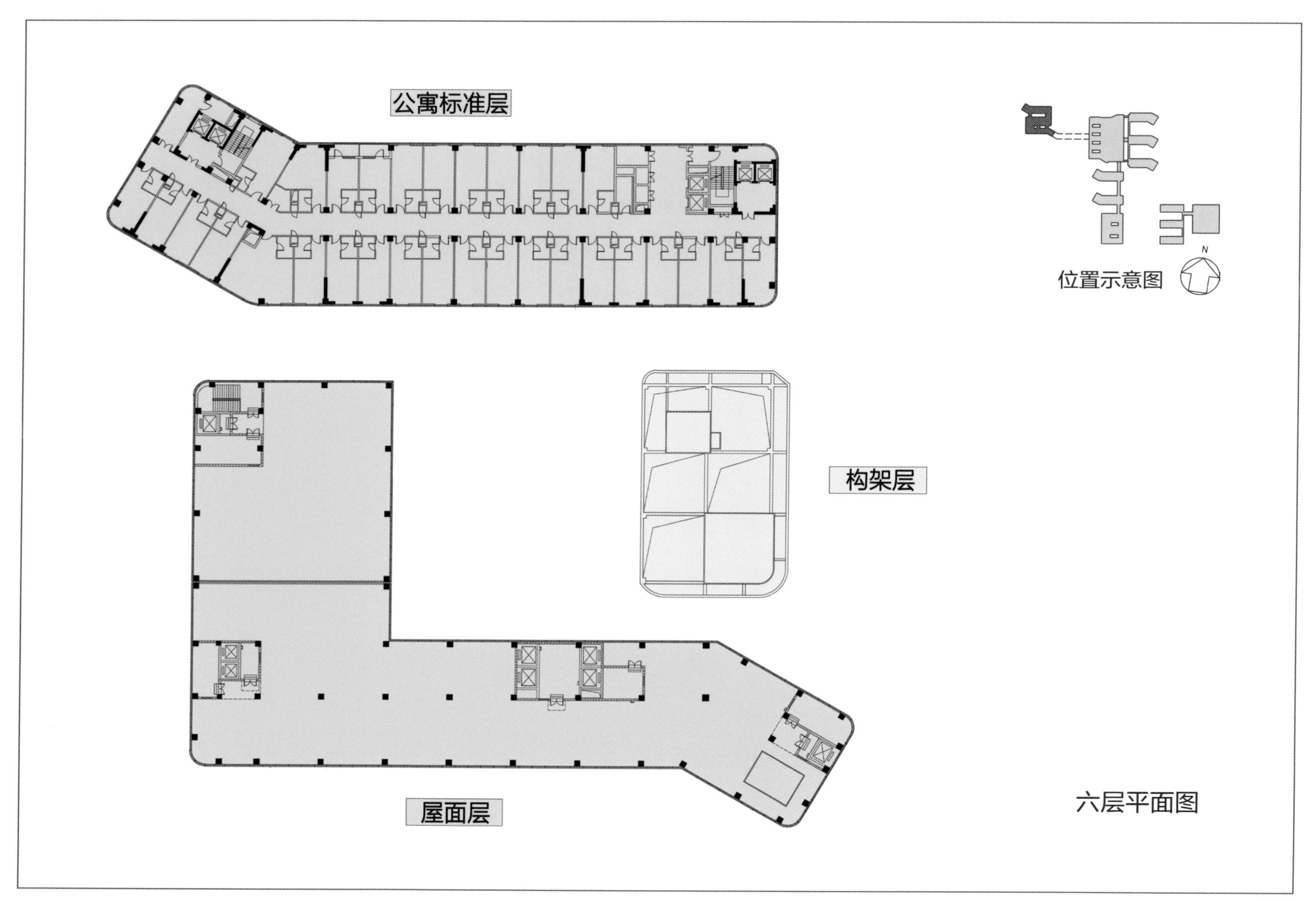
公寓标准层
位置示意图
N
构架层
屋面层
六层平面图

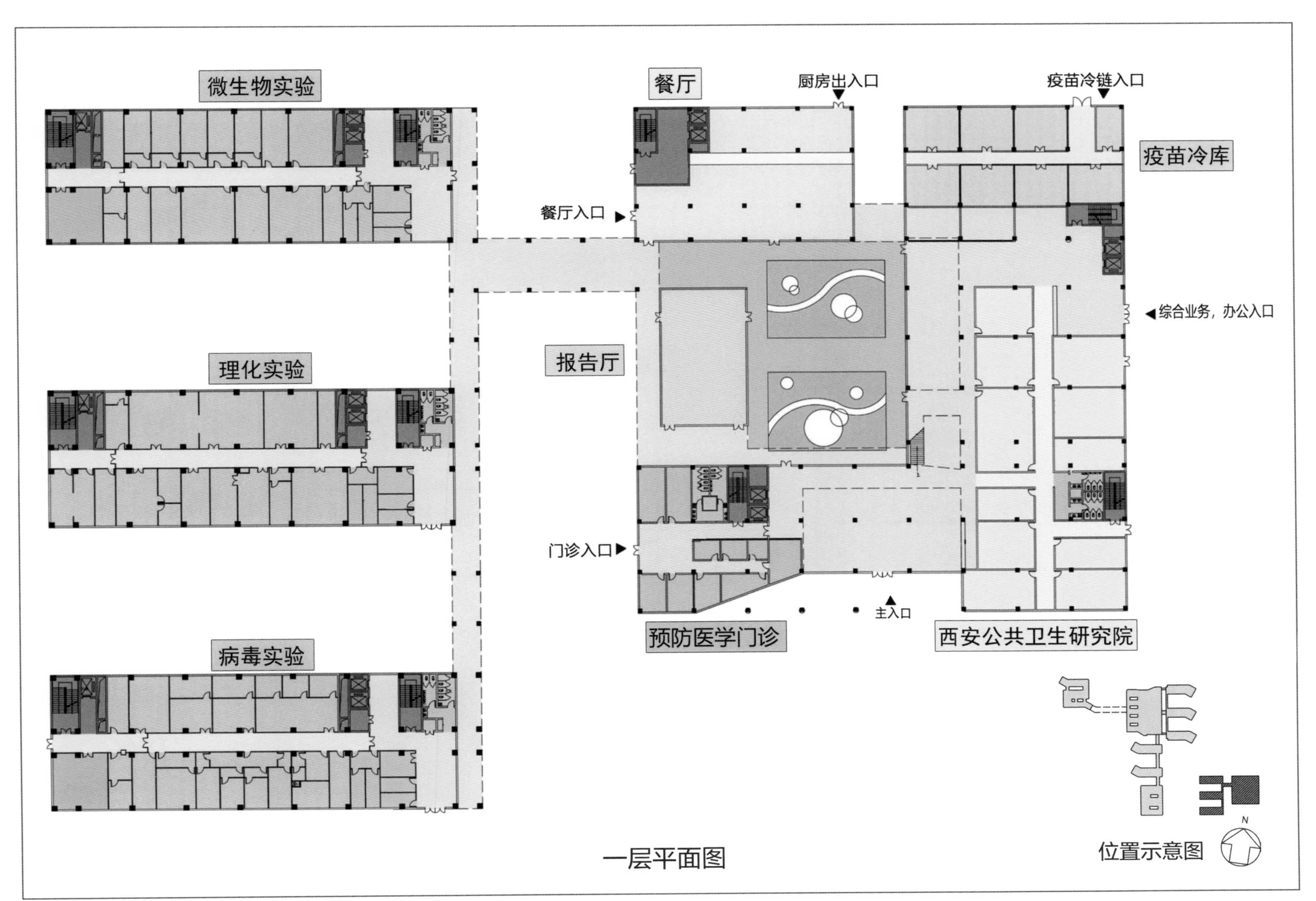
微生物实验
餐厅
厨房出入口
疫苗冷链入口
疫苗冷库
餐厅入口
综合业务，办公入口
理化实验
报告厅
门诊入口
主入口
病毒实验
预防医学门诊
西安公共卫生研究院
位置示意图
N

一层平面图

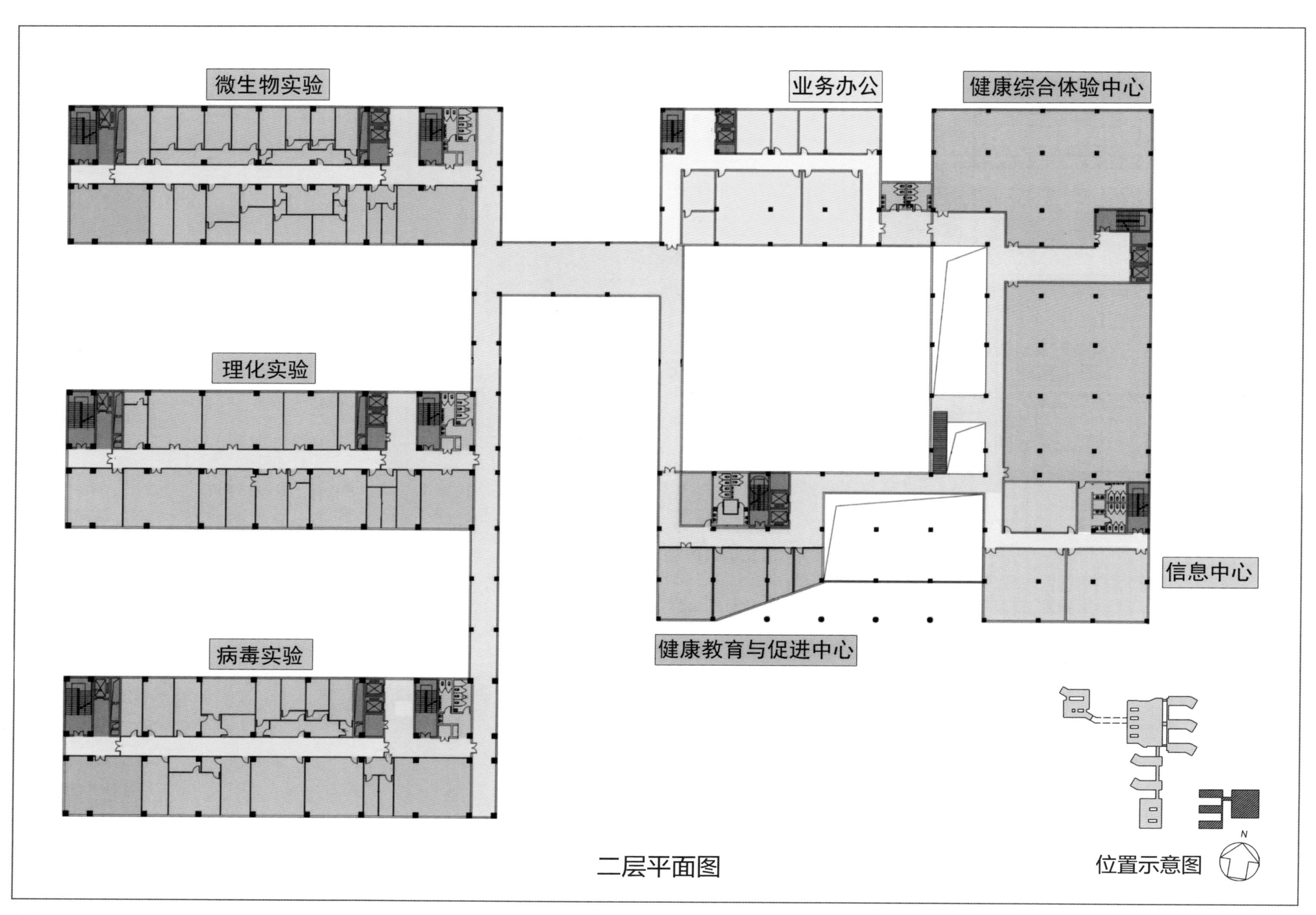

二层平面图

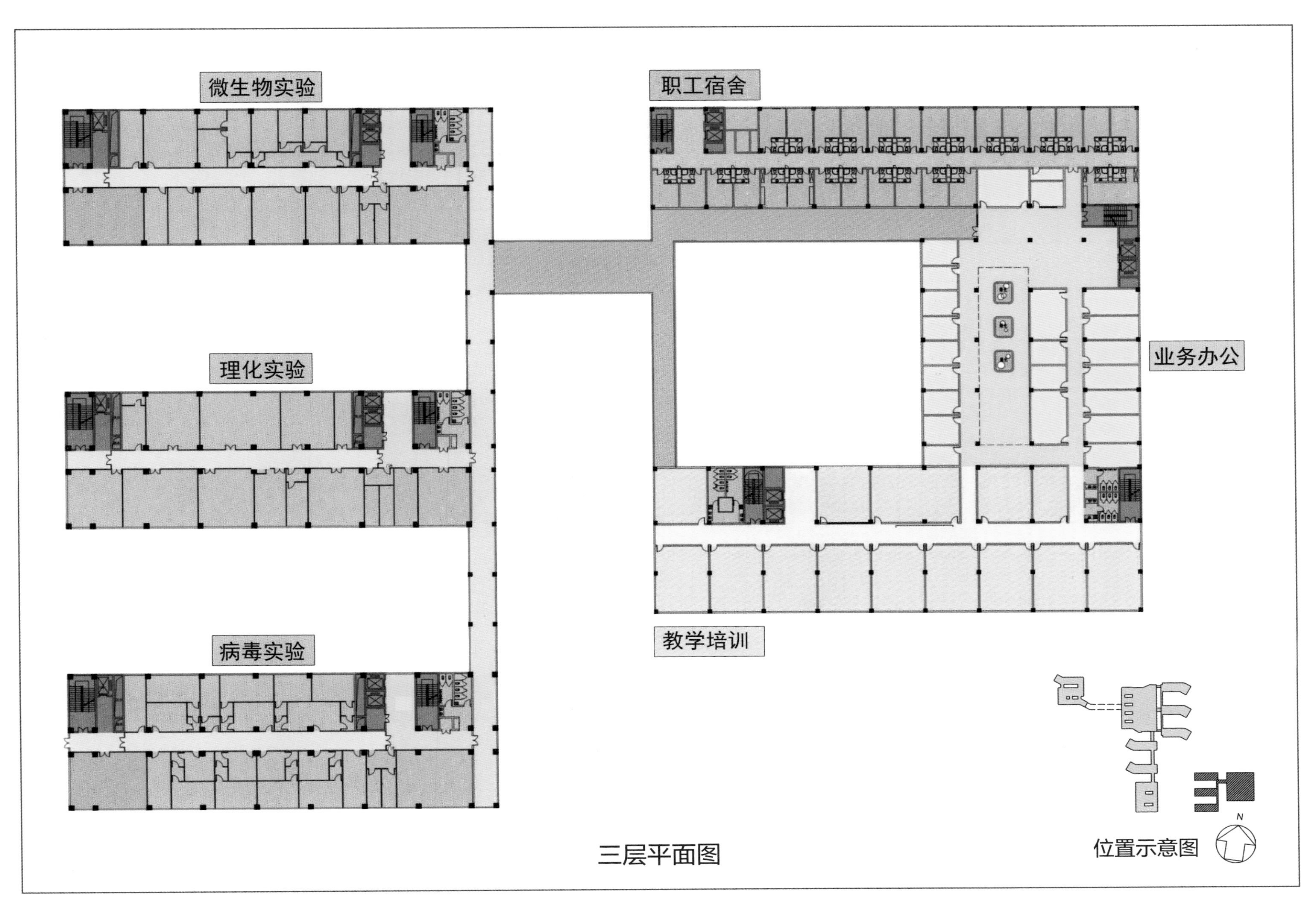

三层平面图

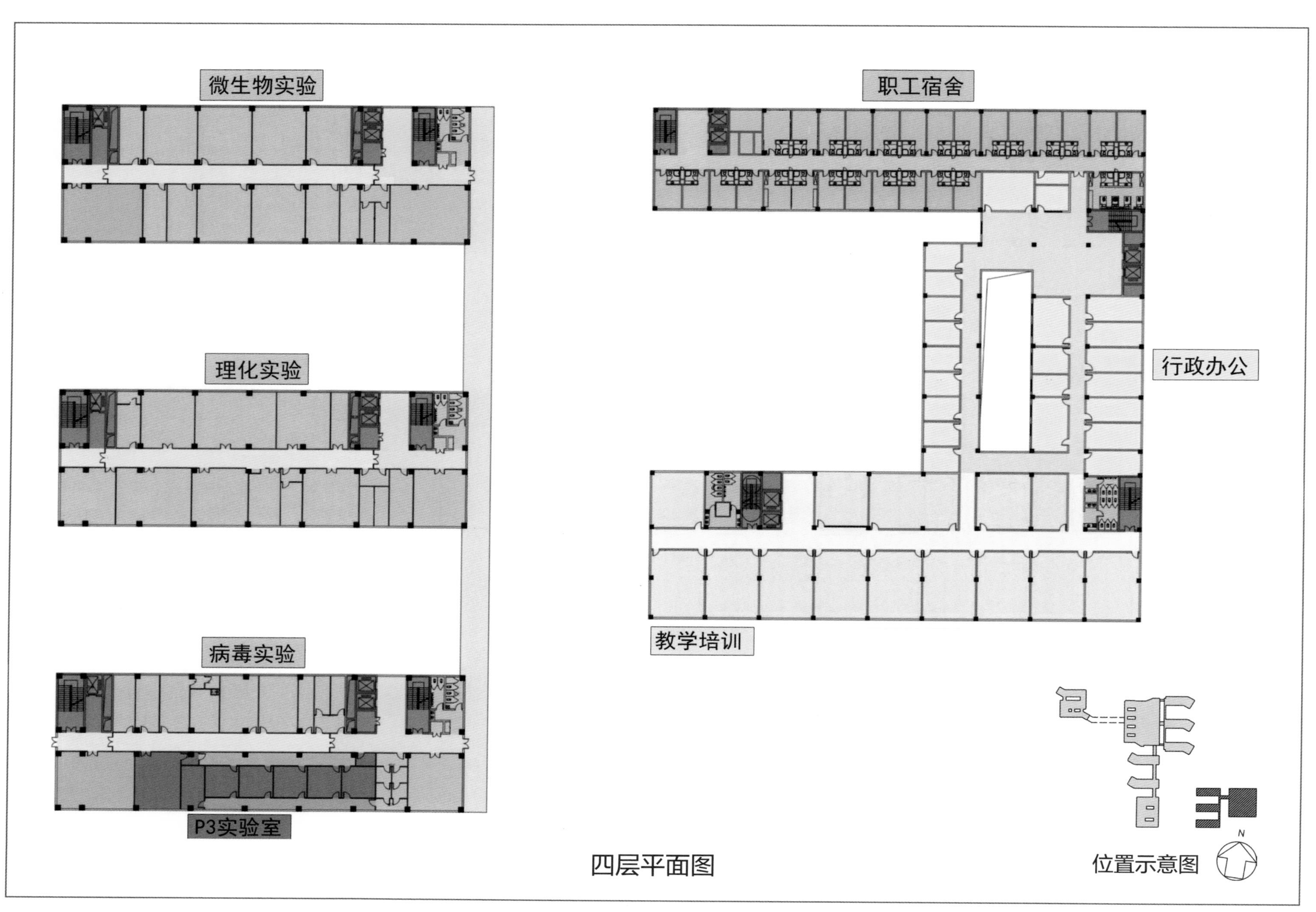

四层平面图

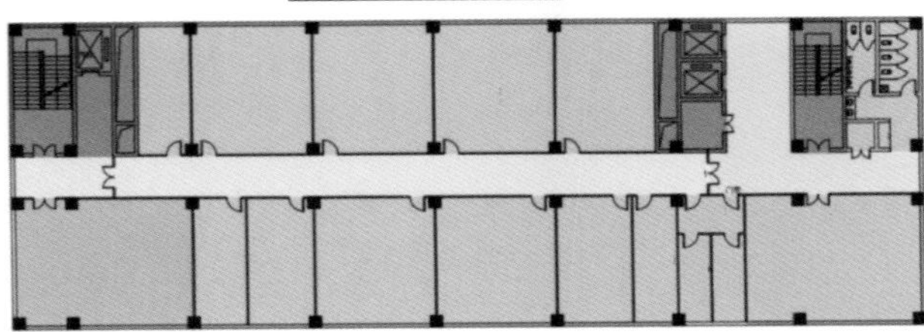

理化实验

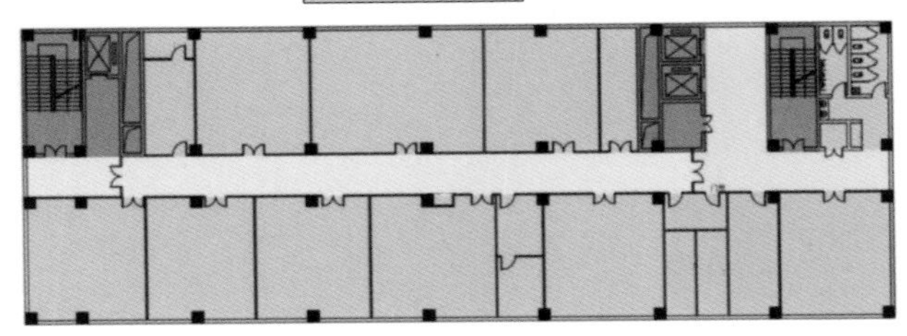

病毒实验

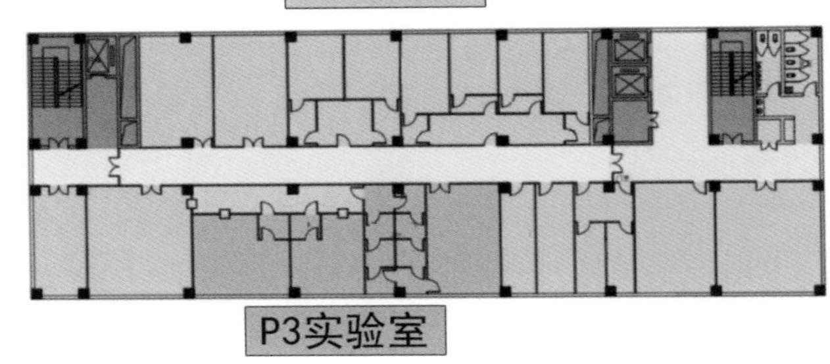

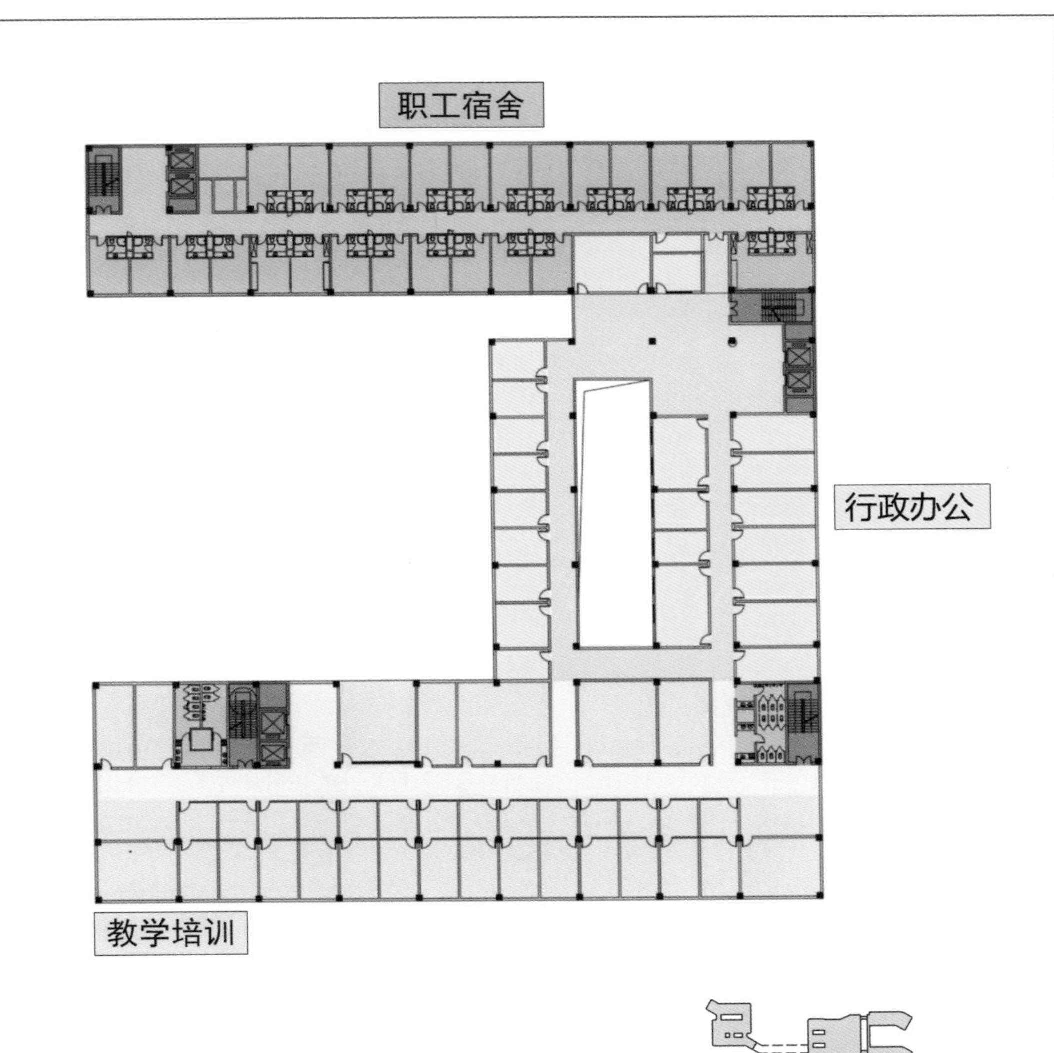

五层平面图

图书在版编目（CIP）数据

西安市公共卫生中心平急两用实施图解 = XI’AN PUBLIC HEALTH CENTER FOR BOTH PEACE TIME AND EMERGENCY TIME USE IMPLEMENTATION DIAGRAM / 雷霖主编. -- 北京：中国建筑工业出版社，2024. 7. -- ISBN 978-7-112-30084-6

Ⅰ. TU246.1-64

中国国家版本馆 CIP 数据核字第 20241XJ322 号

责任编辑：刘瑞霞　梁瀛元
责任校对：芦欣甜

西安市公共卫生中心平急两用实施图解
XI'AN PUBLIC HEALTH CENTER FOR BOTH PEACE TIME AND EMERGENCY TIME USE IMPLEMENTATION DIAGRAM
雷霖　主编

*

中国建筑工业出版社出版、发行（北京海淀三里河路 9 号）
各地新华书店、建筑书店经销
北京建筑工业印刷有限公司制版
天津裕同印刷有限公司印刷

*

开本：880 毫米×1230 毫米　横 1/16　印张：$9^1/_2$　字数：240 千字
2024 年 8 月第一版　　2024 年 8 月第一次印刷
定价：**99. 00** 元
ISBN 978-7-112-30084-6
（43508）